Colliex

Elektronenmikroskopie

Elektronen-
mikroskopie

Eine anwendungbezogene Einführung

Von
Dr. Christian Colliex, Orsay

Aus dem Französischen übersetzt
und bearbeitet von Prof. Dr. Helmut Kohl, Münster

Mit 52 Abbildungen

WVG
Wissenschaftliche Verlagsgesellschaft mbH Stuttgart

Anschrift des Übersetzers:
Prof. Dr. Helmut Kohl
Abteilung Elektronenmikroskopie
Physikalisches Institut
Westfälische Wilhelms-Universität Münster
Wilhelm-Klemm-Str. 10
48149 Münster

Anschrift des Autors der französischen Originalausgabe:
Dr. Christian Colliex
Head of the Electron Microscopy Group
Laboratoire de Physiques des Solides
Université Paris Sud
Bâtiment 510
91405 Orsay
France

Bibliografische Information der Deutschen Nationalbibliothek
Die Deutsche Nationalbibliothek verzeichnet diese Publikation in der Deutschen Nationalbibliografie; detaillierte bibliografische Daten sind im Internet über http://dnb.d-nb.de abrufbar

ISBN 978-3-8047-2399-3

Printed in Germany
Satz: Mitterweger & Partner, Plankstadt
Druck: Druckerei Hofmann, Schorndorf
Umschlaggestaltung: Atelier Schäfer, Esslingen

Vorwort zur deutschen Übersetzung

Obwohl die Elektronenmikroskopie schon in den 1930er-Jahren ihren Anfang nahm, hat sie gerade in den letzten Jahren eine stürmische Entwicklung genommen, die selbst von Fachleuten nicht vorhergesehen wurde. Besonders hervorzuheben ist hierbei die hochauflösende Abbildung atomarer Strukturen, die mittlerweile auch im industriellen Bereich zunehmend eingesetzt wird. Darüber hinaus ermöglicht die analytische Elektronenmikroskopie inzwischen den Nachweis und die chemische Analyse von Nanostrukturen. Dadurch sind Elektronenmikroskope zu einem unverzichtbaren Werkzeug sowohl in den Material- als auch in den Lebenswissenschaften geworden.

Während es über diese neuen Entwicklungen einige sehr detaillierte, meist englischsprachige Bücher gibt, fehlte es bislang an einer einfach und verständlich geschriebenen Übersicht über die neuen Methoden der Elektronenmikroskopie und deren Anwendungsmöglichkeiten. Das Büchlein „*La microscopie électronique*" von Christian Colliex schließt diese Lücke. Daher reifte schon bald der Entschluss, das Büchlein ins Deutsche zu übertragen. Die vorliegende Übersetzung lehnt sich eng an das Original an und wurde nur um wenige neuere Entwicklungen ergänzt.

Dieses Buch kann nur eine grobe Übersicht über die neueren Entwicklungen der Elektronenmikroskopie geben. Für detaillierte Darstellungen sei daher auf die einschlägigen Fachbücher verwiesen. Hierbei sind insbesondere zu nennen:

Handbook of Microscopy, Application in Materials Sciences, Solid State Physics and Chemistry, S. Amelinckx et al. (1996)

L. Reimer, Scanning Electron Microscopy (Springer, 1998)

L. Reimer, Transmission Electron Microscopy (Springer, 1997)

D. B. Williams, C. B. Carter, Transmission Electron Microscopy (Plenum Press, 1998)

H. Alexander, Physikalische Grundlagen der Elektronenmikroskopie (Teubner, 1997)

Bedanken möchte ich mich bei Herrn Professor Dr. Christian Colliex (Université Paris-Sud, Orsay) und dem Verlag *Presses Universitaires de France* für die Erlaubnis zu dieser Übersetzung, Herrn Professor Dr. R. Reichelt (Westfälische Wilhelms-Universität Münster) und meiner Frau Veronika für die Hilfe beim Korrekturlesen und Herrn Dr. Muth (Wissenschaftliche Verlagsgesellschaft) für seine große Geduld.

Münster, im Herbst 2007 Helmut Kohl

Aus dem Vorwort der französischen Originalausgabe

Dieses Werk wurde 1996 völlig neu geschrieben, um eine ältere Auflage von 1963 aus der Feder von Pierre Selme zu ersetzen. Damals war sein Buch ein Schlüsselwerk, und ich erinnere mich gut daran, dass es das erste Buch über Elektronenmikroskopie war, das ich las, als ich 1965 mit meiner Diplomarbeit in der Arbeitsgruppe von Professor Castaing an der Université Paris-Sud in Orsay begann. Aber im Laufe von dreißig Jahren haben sich viele Dinge sehr verändert. Abgesehen von einigen Zeilen und ein oder zwei Bildern über magnetische Linsen in der Elektronenoptik gibt es zwischen dem damaligen und dem gegenwärtigen Text keine Gemeinsamkeiten. Welch ein Fortschritt wurde in der Zwischenzeit erreicht!

Orsay, Juli 1998 Christian Colliex

Inhaltsverzeichnis

Kapitel 1 Einleitung

1.1 Die Längenskalen in der Welt des winzig Kleinen

Durch unsere tägliche Erfahrung haben wir die Welt um uns herum kennengelernt. Dabei spielt das Sehen eine besondere Rolle, weil wir uns dank unseres räumlichen, dreidimensionalen Sehvermögens in unserer Welt zurechtfinden können. Die Sehzellen in unserer Retina, unsere Detektoren, erlauben uns die Unterscheidung der Farben im Spektrum von Violett bis hin zu Rot.

Trotz der Reichhaltigkeit des Sehens lässt sich damit nur ein begrenzter Bereich der Umgebung erfassen. Daher stellt der Mensch schon seit langer Zeit Geräte her, die es ihm erlauben, diese Grenzen zu überschreiten. Diesem Ziel dienen viele Entwicklungen in der Optik. So wurde eine Linse, die Lupe, entwickelt, um auch kleine Details jenseits des Sehvermögens zu erkennen. Sie wird aus einem durchsichtigen Material geschliffen und erlaubt uns, von einem kleinen Objekt ein vergrößertes Bild herzustellen. Solche Linsen sind Grundbausteine der Mikroskope (vom griechischen *mikros* = klein und *skopein* = untersuchen), die die Untersuchung von Objekten und Details erlauben, die dem bloßen Auge verborgen bleiben. Bei dieser Untersuchung der Welt des Kleinen und immer Kleineren ist die Elektronenmikroskopie eine der Hauptmethoden.

In dieser kurzen Einleitung sind bereits einige Schlüsselelemente erkennbar, die den Rahmen für unser Buch darstellen. Das Elektronenmikroskop ist ein *Instrument* und damit Vermittler zwischen dem Menschen und der Materie. Ein Instrument liefert Informationen, in unserem Fall sprechen wir von *Bildern*, zu deren Deutung wir den tieferen Zusammenhang zum untersuchten Objekt verstehen müssen. Wie beim direkten Sehen durch das Auge muss die erfasste Information interpretiert werden. Beim Sehen erfüllt das Gehirn diese Funktion, es liefert uns eine *Vorstellung* über Umrisse, Form, Größe und Farbe des Objektes. Sobald ein optisches Instrument in dieser Kette auftaucht, erfordert dies ein Verständnis aller Zwischenschritte, die vom Objekt bis zum Bild führen. Es ist daher notwendig, ein Bild zu *interpretieren*, einen Kontrast, eine Verteilung von Farben. Dies erfordert in jedem Fall einen Rückgriff auf theoretische Überlegungen. Wie ist es möglich, sich in dieser Welt zurechtzufinden, in der wir von Natur aus blind sind? Anders ausgedrückt: Wie können wir Dinge messen, wie sicherstellen, dass das Bild, das wir erhalten haben, eine richtige Darstellung des Objekts ist? Deshalb müssen wir uns bei sämtlichen Daten, die uns die verschiedenen Instrumente liefern, zunächst einmal klarmachen, wie die *Längenskalen* für die verschiedenen Bestandteile der Materie aussehen.

Die Längeneinheit im metrischen System ist der Meter (*m*). Um in den Bereich der immer kleineren Ausdehnungen vorzudringen, gehen wir in Schritten mit dem Faktor 1000 vor. Der erste Schritt führt zum Millimeter (*mm* oder $10^{-3}m$). Diese Längeneinheit kennen wir noch vom Abstand zwischen zwei Unterteilungen eines Lineals. Der folgende Schritt führt zum Mikrometer (μm oder $10^{-6}m$), tausendmal kleiner als der Millimeter, den man sich nicht vorstellen kann, ohne dass man ein Mikroskop benutzt. Beim nächsten Schritt kommen wir zum Nanometer (*nm* oder $10^{-9}m$, also einem Milliardstel eines Meters). Das Elektronenmikroskop kann uns den Schlüssel zur Erforschung dieses Bereichs liefern. Die noch kleineren Dimensionen nennt man Pikometer (*pm* oder $10^{-12}m$) bzw. Femtometer (*fm* oder $10^{-15}m$). In Abb. 1 sind neben der Längenskala verschiedene typische Größen einiger Objekte und Strukturen dargestellt.

Dem *Atom* gebührt ein besonderer Platz. Seine Größe beträgt etwa ein Zehntel eines Nanometers, eine Länge, für die eine besondere Längeneinheit eingeführt wurde, das Ångström (*Å*). Wir wissen, dass alle Materie im Reich der Tiere, der Pflanzen oder der Minerale aus mehr oder weniger regelmäßigen Anordnungen von Atomen oder Gruppen von Atomen (Molekülen) besteht. Der Begriff des Atoms ist von zentraler Bedeutung für das Verständnis des Universums. Bei allen Modellen zum Verständnis der Materie muss man zugeben, dass bis vor sehr kurzer Zeit der Begriff des Atoms eher eine theoretische Vorstellung denn eine reelle war. Erst durch den Fortschritt der letzten Jahre im Bereich der wissenschaftlichen Instrumente, insbesondere durch die Elektronenmikroskopie, kann die Frage „Können Sie mir ein Atom oder ein Molekül zeigen?" bejaht werden.

Zur Vervollständigung unserer Darstellung wollen wir noch kurz die Bestandteile der Atome auf der subatomaren Skala beschreiben. Seit

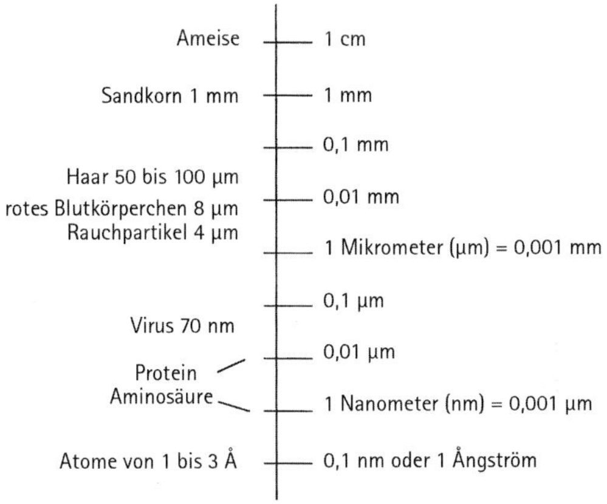

Abb. 1: Die Längenskalen von der makroskopischen Welt bis zum Atom.

dem Beginn des vergangenen Jahrhunderts wurde das Atom (z. B. durch Rutherford) als ein Sonnensystem von extrem kleiner Ausdehnung mit Teilchen negativer Ladung, den Elektronen, beschrieben, die um ein positiv geladenes Teilchen, den Kern, kreisen. Stück für Stück wurde dieses Modell verfeinert. Die Bahnen der Elektronen sind nicht beliebig, sie besetzen verschiedene Orbitale, zu denen jeweils ganz bestimmte Energien gehören. Abb. 2 liefert eine vereinfachte Darstellung des Atoms, so wie man sie aus einer quantenmechanischen Beschreibung ableiten kann. Das Elektron ist dabei nicht mehr ein Punktteilchen, das zu einem bestimmten Zeitpunkt an einem bestimmten Ort seiner Bahn sitzt und sich mit einer bestimmten Geschwindigkeit bewegt. Vielmehr muss man sich das Atom wie eine Folge von Zwiebelschalen um den Kern vorstellen, die man Elektronenwolken nennt. Diese stellen die Aufenthaltswahrscheinlichkeiten der Elektronen dar, die in bestimmten Raumbereichen besonders groß sind. Diese Schalen oder Orbitale entsprechen den Quantenzuständen, deren Energien wohldefiniert sind. Sie ergeben sich mit Hilfe der Gesetze der Quantenmechanik aus den elektromagnetischen Kräften zwischen Elektronen und Kern. Die Kenntnis der inneren Struktur der Atome wird uns in einem späteren Kapitel sehr nützlich sein, wenn wir verschiedene Tech-

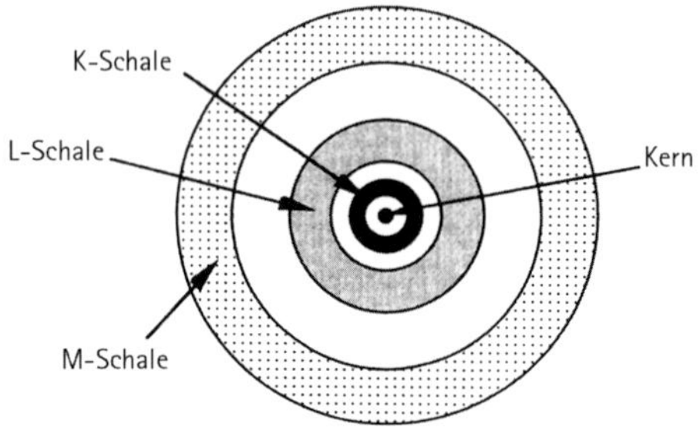

Abb. 2: Vereinfachtes Schema des Atombaus.

niken beschreiben, die uns mit Hilfe des Elektronenmikroskops die Bestimmung der Natur der Atome in einem Präparat erlauben.

Anders als die Bezeichnung Atom vermuten lässt, ist das Atom nicht unteilbar. Die Methoden der Atomphysik haben uns gezeigt, dass es möglich ist, mit den Elektronen zu „spielen", sie anzuregen, indem man sie von einer Schale auf die nächste springen lässt, sie sogar vom Atom zu entfernen, wobei ein positives Ion zurückbleibt, ein Atom also, das eine oder mehrere elektrische Ladungen verloren hat. Es ist ein glücklicher Umstand, dass man unter bestimmten Bedingungen der Materie einige Elektronen entziehen kann. Darauf fußt die Elektronenmikroskopie: Elektronen werden als freie Teilchen genutzt, die man beschleunigen und auf ein Objekt schießen kann, um mit Hilfe dieser Elektronen die Struktur zu untersuchen.

Auch wenn es für die folgenden Diskussionen in diesem Buch nicht wesentlich ist, wollen wir unsere Darstellung des Aufbaus der Materie noch vervollständigen. Das Spiel der russischen Puppen, bei denen sich eine in der anderen befindet, hört beim Atomkern und den Elektronen nicht auf. Der Kern selbst besteht aus einer komplizierten Struktur von Nukleonen (den ungeladenen Neutronen und den positiv geladenen Protonen, deren Ladung betragsmäßig gleich der Ladung der Elektronen ist). Die Protonen selbst wiederum bestehen aus Quarks, von denen es sechs verschiedene Sorten gibt. Und man fragt sich nun, ob diese Quarks nicht wiederum aus weiteren Einzelteilen bestehen. Wir sind jetzt im Bereich der Hochenergiephysik, die große Beschleuniger benutzt, um den detaillierten Aufbau unseres Universums zu verstehen. Um zu verdeutlichen, dass es noch viel zu erforschen gibt, machen wir uns die verschiedenen Größen der Bestandteile klar. Die Größe von Kernen und Nukleonen ist gut charakterisiert, sie liegt bei einigen Femtometern bis hin zu etwa zehn Femtometern. Aber niemand kann im Moment sagen, wie groß ein Elektron ist. Für die Quarks liegen die Vermutungen bei etwa $10^{-30}m$.

Kehren wir in den Bereich des Å und darüber zurück. In diesem Längenbereich liegt der Abstand von benachbarten Atomen in Festkörpern, der die verschiedenen Eigenschaften der Materie bestimmt. Mit modernen Elektronenmikroskopen lässt sich dieser Bereich besonders gut untersuchen.

1.2 Die Geräte zur Erforschung der Welt des winzig Kleinen

Bei der Betrachtung des Objektes liefert die Veränderung der einfallenden Strahlung, die für die Beobachtung genutzt wird, die objektbezogenen Informationen wie Form, Umfang und Farbe. Dabei handelt es sich um eine spezielle Wechselwirkung zwischen einer äußeren Strahlung und der Materie. Es ist natürlich, diesen Zugang auch für andere Bereiche des elektromagnetischen Strahlungsspektrums zu erweitern, von dem das sichtbare Licht nur einen winzigen Teil darstellt. Abb. 3 erinnert daran, welcher Bereich innerhalb des gesamten Spektrums dem Auge direkt zugänglich ist. Die Bereiche sind ausgedrückt in Wellenlängen (λ) und zu vergleichen mit den Längen, die im vorigen Abschnitt dargestellt wurden. Die Strahlungsbereiche können auch in Form von Frequenzen dargestellt werden, denn beim Licht handelt es sich um periodische Wellen mit charakteristischen Frequenzen ν, die sich mit Lichtgeschwindigkeit c ausbreiten, sodass

$$\nu = c/\lambda.$$

Hierbei wird ν in Hertz $Hz = s^{-1}$ ausgedrückt.

Eine erste Möglichkeit, die einfallende Strahlung an die zu untersuchenden Größenordnungen anzupassen, besteht in der Wahl einer entsprechenden Wellenlänge. Die Frequenz hat noch eine weitere Bedeutung, die weit über die der Farbe hinausgeht. Aufgrund der Beziehung

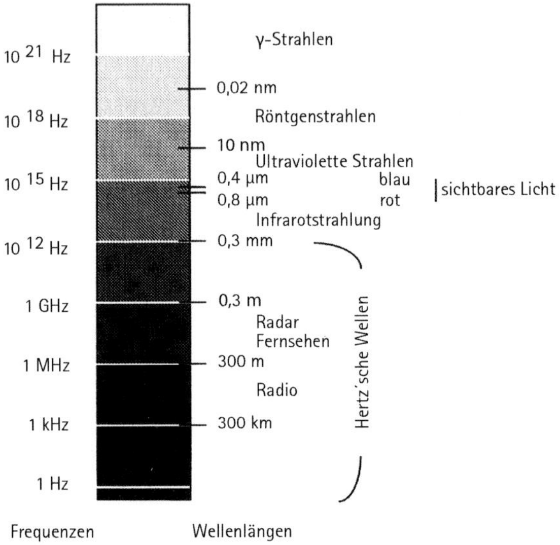

Abb. 3: Frequenz- und Wellenlängenbereiche häufig benutzter Strahlungsarten.

$$E = h\nu,$$

mit dem Planck'schen Wirkungsquantum $h = 6{,}63 \cdot 10^{-34} Js$, entspricht die Frequenz ν einer wohldefinierten Energie E.

Neben der Bestimmung der charakteristischen Abstände auf verschiedenen Längenskalen besteht die Möglichkeit, die Frequenzen der Strahlung anhand der Wechselwirkung mit dem Objekt zu messen. In späteren Kapiteln werden wir zeigen, wie daraus die Energieniveaus im Objekt und damit die chemische Zusammensetzung oder die elektronischen Eigenschaften des Objekts bestimmt werden können.

Eine weitere Lösung besteht darin, eine andere Strahlenart zu wählen. Aufgrund der Arbeiten von de Broglie (1923) weiß man, dass jedem Teilchen der Masse m und der Geschwindigkeit v eine Welle mit der Wellenlänge $\lambda = h/mv$ zugeordnet werden kann. Dies führt zum Welle-Teilchen-Dualismus, der die Grundlage der Quantenmechanik bildet. Demzufolge ist es möglich, zur Untersuchung der Materie anstelle von

Photonen (Energiepaketen ohne Masse) beschleunigte Teilchen zu benutzen. Darauf beruht die Idee, Elektronen für Strukturuntersuchungen zu benutzen. Natürlich gibt es auch andere Möglichkeiten, sie sind in Tab. 1 zusammengefasst.

Je nachdem ob man den Begriff Welle oder den Begriff Teilchen benutzt, muss das Verhalten der Projektile unterschiedlich beschrieben werden. Im ersten Fall sprechen wir von Interferenzen, von Beugung und von Phasenkontrast. Im zweiten Fall wird die Wechselwirkung zwischen Strahlung und Materie in Form von Stößen beschrieben. Man bestrahlt das Präparat mit einem Strahl von Teilchen wohldefinierter Geschwindigkeiten und Richtungen und misst mit einem Detektor die Verteilung von Geschwindigkeiten und Richtungen nach den Stößen.

Bei allen Beugungs- oder Streuexperimenten zwischen einem einfallenden Strahl und dem Präparat sind die Quelle und der oder die Detektoren in großem Abstand vom Präparat zu finden (sehr groß verglichen mit der benutzten Wellenlänge). Diese Anordnung gilt für alle traditionellen Mikroskope. Quelle und Detektor befinden sich dabei im „Fernfeld". Seit etwa 1980 ist dies nicht mehr die einzige Möglichkeit. Ausgehend von den Arbeiten von Binnig und Rohrer am IBM Laboratorium in Zürich wurde eine neue Klasse von Mikroskopen mit einem völlig anderen Aufbau entwickelt. Für diese neuen Geräte, die man Nahfeldmikroskope nennt, um sie deutlich von den konventionellen

Tab. 1: Wellenlängen und Energien für verschiedene Teilchen, die zur Untersuchung von Festkörpern verwendet werden.

Art	Wellenlänge (nm)	Energie
Photonen (sichtbares Licht)	$400 \rightarrow 700$	$\cong 2$ eV
Photonen (Röntgenstrahlung)	$0{,}05 \rightarrow 1{,}25$	25 keV $\rightarrow 1$ keV
Elektronen	$10^{-3} \rightarrow 3 \cdot 10^{-3}$	1 MeV $\rightarrow 100$ keV
Protonen oder Ionen	$\cong 10^{-4}$	$\cong 10$ keV
Neutronen	$\cong 0{,}1$	$\cong 0{,}025$ eV

In dieser Tabelle werden die Energien in eV (Elektronenvolt) ausgedrückt. Ein Elektronenvolt entspricht der Energie eines Elektrons, das mit einer Spannung von 1 V beschleunigt wurde ($1 \text{ eV} \approx 1{,}6 \cdot 10^{-19}$ J).

Mikroskopen zu unterscheiden, sind die Funktionen von Quelle, Objekt und Detektor nicht mehr klar getrennt. Stattdessen wird die Information durch ihre Quelle selbst erfasst, sodass keine Ausbreitung der Information zwischen den verschiedenen Elementen stattfindet. Der Prototyp für diese Geräte ist das Rastertunnelmikroskop, das die starke Abhängigkeit des elektrischen Stromes zwischen einer metallischen Spitze und der Oberfläche des Festkörpers ausnutzt. Diese Anordnung, deren grundlegendes Prinzip in Abb. 4 dargestellt ist, ermöglicht die Aufzeichnung von Bildern einer Oberfläche mit einer Auflösungsgrenze, die besser ist als die der interatomaren Abstände.

Ausgehend von dieser ersten Entwicklung hat sich eine ganze Generation von neuen Instrumenten herausgebildet. Alle basieren auf dem Prinzip einer lokalen Sonde, die Punkt für Punkt eine physikalische Größe des Objekts erfasst. Den größten Erfolg hatten dabei die Rasterkraftmikroskope, die die Wechselwirkungskräfte zwischen einer Spitze und dem Substrat messen und deren Anwendungsmöglichkeiten sehr vielfältig sind. Diese neuen Techniken werden hier jedoch nicht weiter diskutiert.

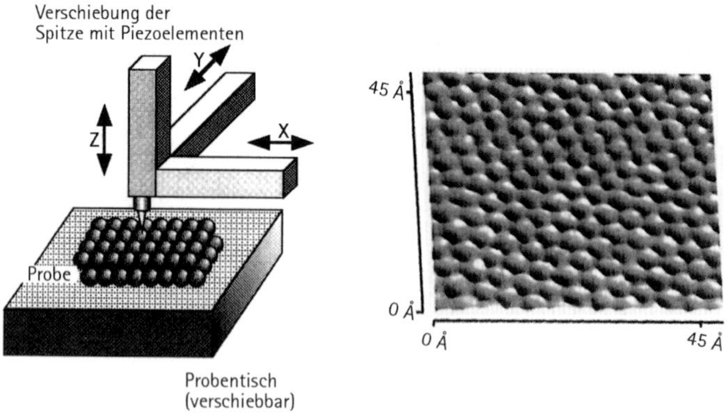

Abb. 4: Grundlegendes Prinzip eines Rasterkraftmikroskops (AFM) und Bild einer Molybdändisulfid-Oberfläche in Kontakt-Modus (Topometrix).

1.3 Der Begriff des Bildes

In diesem Kapitel haben wir schon mehrfach betont, dass jedes Mikroskop, insbesondere das Elektronenmikroskop, Bilder der untersuchten Materie liefert. Unser Gehirn muss mit Hilfe entsprechender Überlegungen deren Bedeutung erfassen. Der Begriff des Bildes ist ein grundlegendes Konzept, das einige allgemeine Bemerkungen verdient, auch wenn das angesichts der großen Bilderflut unserer Zeit überflüssig erscheinen mag.

Ständig sind wir von Bildern umgeben, sei es in der Zeitung, sei es auf dem Bildschirm unseres Fernsehgerätes oder unseres Rechners, sei es auf dem Dia, das wir auf die Leinwand projizieren. Aber was haben all diese Bilder gemeinsam? Sie teilen uns auf verschiedene Art etwas über die Dinge der uns umgebenden Welt mit, die wir nicht direkt sehen können. Das Fernsehen zeigt uns Ereignisse, die am anderen Ende der Welt passieren, genau so, als ob wir wirklich da wären, z. B. eine Sportveranstaltung oder die Beerdigung einer bekannten Persönlichkeit. Es gibt uns eine gewisse Vorstellung von Dingen, die wir nicht direkt sehen.

Jedes Bild liefert also auf einer endlichen Fläche eine Darstellung einer Szene, einer Landschaft oder eines Ereignisses. Es gibt uns eine gewisse Vorstellung von dem, was wir nicht direkt sehen können.

Schematisch können wir ein Bild wie eine zweidimensionale Verteilung der Information $I(x, y)$ beschreiben, s. Abb. 5.

In unserem täglichen Leben ist das Auge der Detektor. Die Information ist eine Lichtintensität, die auf einer Skala von Schwarz nach Weiß variiert. In etwas komplizierteren Fällen spielt auch das Farbspektrum eine Rolle. Daher kann jedes Bild als eine Verteilung von Bildpunkten, sog. Pixeln (x,y), interpretiert werden, deren Anzahl über einen weiten Bereich variieren kann. Je größer die Anzahl der Pixel in einem vorgegebenen Bild ist, umso genauer kann man Details erkennen. In einer Welt, die mehr und mehr von der Informatik und dem Binärsystem regiert wird, ist demzufolge ein Bild mit 2048 x 2048 Bildpunkten besser als ein Bild mit 1024 x 1024 Bildpunkten. Ebenso ist der Bereich der Intensitäten in einem Bild von der Anzahl der Graustufen abhängig. Man weiß, dass das menschliche Auge nicht mehr als ein paar Hundert Graustufen unterscheiden kann. Trotzdem wird in Bilderfassungssyste-

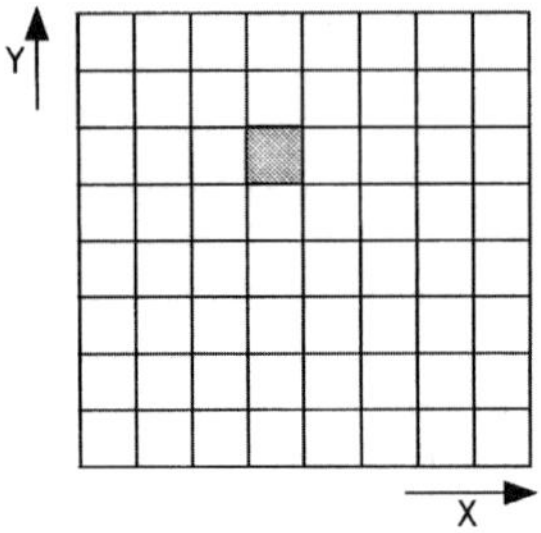

Abb. 5: Schematische Darstellung eines digital aufgezeichneten Bildes.

men häufig eine größere Zahl von Intensitäten aufgezeichnet (zum Beispiel für 16 Bits ca. 65.000 Graustufen), von denen man später einen kleineren Bereich darstellen kann.

Ausgehend von den oben dargestellten Beispielen kann man die Arten der Bilderzeugung in zwei große Klassen unterteilen. In der einen Klasse erfolgt die Festlegung des Bildpunkts durch eine Abbildung mit Hilfe eines optischen Instrumentes (z.B. einer Projektionslinse). Bei der anderen erfolgt die Bildakquisition sequenziell, indem man die Ablenkung eines Strahlfleckes entlang einer vorgegebenen Richtung benutzt. Ein schönes Beispiel dafür ist das Fernsehbild. Wir werden die beiden Klassen von Mikroskopen *konventionelle Mikroskope* und *Rastermikroskope* nennen. Im ersten Fall gibt es eine eindeutige Beziehung zwischen jedem Objektpunkt und dem Bildpunkt. Ein Beispiel für diesen Zusammenhang ist die Abbildung mit optischen Faserbündeln, bei der das Licht vom Objektpunkt mit einer Faser zum Bildpunkt geleitet wird. Wir werden zeigen, dass die Linsen der Lichtoptik (oder der Elektronenoptik) diese Funktion erfüllen können. Im zweiten Fall wird der Zusammenhang zwischen Bild und Objekt durch die synchronisierte Verschiebung eines Strahlflecks auf dem Gegenstand zusammen mit dem Bildpunkt auf einem Monitor hergestellt. Zu dieser Kategorie gehören selbstverständlich alle Mikroskope, die nach dem Nahfeldprinzip arbeiten.

Bei vielen Gelegenheiten haben wir die Erfahrung gemacht, dass ein gezeigtes Bild die Wirklichkeit verfälschen kann. Bei einem Gruppenbild kann eine Person verdeckt sein, sodass sie, obwohl sie dabei ist, nicht auf dem Bild erscheint. Man kann sich fragen, ob nicht auch das Gerät selbst die Realität auf eine bestimmte Art verfälscht. Für die Mikroskopie ist das ein grundlegendes Problem, weil man keinen anderen Zugang zu den winzigen Strukturen hat, die uns interessieren. Wir werden uns mit diesem Problem an verschiedenen Stellen befassen müssen, insbesondere dann, wenn es um die Auflösungsgrenze des Mikroskops geht. Dazu müssen wir die Unschärfe definieren, die uns daran hindert, zwei dicht beieinander liegende Details zu unterscheiden. An anderer Stelle werden wir den Begriff der begrenzten Übertragung von Information einführen, der sehr gut geeignet ist, die bildgebenden Instrumente zu charakterisieren. Darüber hinaus werden wir uns mit allen Möglichkeiten der Informatik befassen, die uns die Erzeugung synthetischer Bilder erlaubt. Wir werden zeigen, dass es sehr nützlich ist, anhand von bestimmten Parametern theoretische Bilder zu berechnen und diese mit experimentellen Bildern zu vergleichen.

Kapitel 2 Vom Lichtmikroskop zum Elektronenmikroskop

2.1 Die Funktion und die Grenzen des Lichtmikroskops

Das Lichtmikroskop ist eine Weiterentwicklung der ersten Mikroskope, die im 17. Jahrhundert in Holland entwickelt worden sind. Es hat viel zu unseren Kenntnissen der mikroskopischen Welt in allen experimentellen Wissenschaften wie Physik, Chemie, Mineralogie und Biologie beigetragen. Zur Abbildung wird die elektromagnetische Strahlung im sichtbaren Bereich (das Licht) oder im nahen Infrarot oder Ultraviolett durch Glaslinsen fokussiert. Das Licht ist eine Welle aus elektrischen und magnetischen Schwingungen. Sie breitet sich im Vakuum, in Luft und in durchsichtigen Materialien aus. Diese Schwingungen sind periodisch, d. h., sie wiederholen sich in einem Raumpunkt in regelmäßigen Zeitabständen T (die Periode T wird in Sekunden ausgedrückt), das heißt mit einer Frequenz $\nu = 1/T$ (ausgedrückt in Hertz). Im Vakuum breiten sie sich mit der Lichtgeschwindigkeit c aus. Der Abstand zwischen zwei äquivalenten Zuständen der Schwingung zu einem gegebenen Zeitpunkt ist die Wellenlänge (ausgedrückt in Längeneinheiten). Jede Farbe des sichtbaren Spektrums entspricht einer bestimmten Wellenlänge zwischen $0{,}4\ \mu m$ und ungefähr $0{,}7\ \mu m$. Das weiße Licht ist eine Mischung aus allen Wellenlängen dieses Bereichs, die wiederum nur einen kleinen Teil des elektromagnetischen Strahlungsspektrums darstellen. Ultraviolett entspricht einer Strahlung mit kürzerer Wellenlänge und Infrarot einer Strahlung mit längerer Wellenlänge.

Ein Mikroskop besteht aus folgenden Hauptelementen:

- einer Lichtquelle und einer Beleuchtungseinrichtung,
- einer Optik, die aus mehreren Linsen besteht und die die Vergrößerung bewirkt,
- einem Detektor, der die Beobachtung oder Aufzeichnung des Bildes erlaubt (Auge, fotografische Emulsion, Kamera und TV-Monitor).

Falls das Objekt teilweise durchsichtig ist, kann man es in Transmission beobachten, falls es ein großes Reflexionsvermögen hat, kann man es entsprechend in Reflexion betrachten. Beispiele für Letzteres sind die Oberflächen von Metallen oder Erzmineralien.

Abb. 6 zeigt den Aufbau eines modernen Mikroskops, das eine Vielzahl von Beleuchtungs- und Beobachtungsmöglichkeiten bietet. Dort sieht man verschiedene Linsenfamilien: die Kondensorlinsen, das Objektiv, das Okular und die Projektivlinsen. Der einfachste Aufbau besteht nur aus einem Objektiv, das ein vergrößertes Zwischenbild des Objekts liefert, und einem Okular, das wie eine Lupe arbeitet, durch die man im Unendlichen ein vergrößertes virtuelles Bild des Zwischenbildes sieht. Das Objektiv ist das Herz des Mikroskops. Von seinen

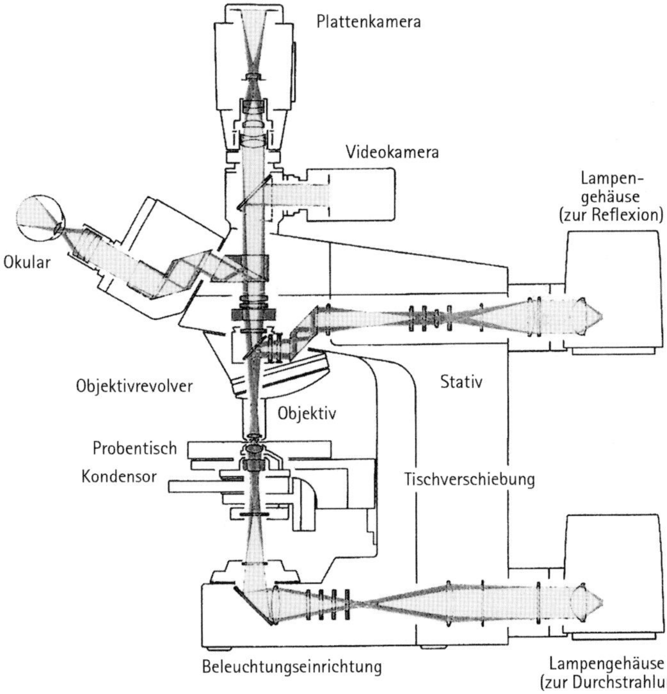

Abb. 6: Aufbau eines Lichtmikroskops (nach Zeiss).

Eigenschaften hängt im Wesentlichen die Leistungsfähigkeit des Gerätes ab.

In einem vereinfachten Schema (Abb. 7) für ein Mikroskop, in dem das gesamte Objekt ausgeleuchtet wird, sind das Objektiv und das Okular als dünne Linsen dargestellt. Das Objektiv mit der Brennweite f (einige Millimeter) liefert ein vergrößertes Bild A_1B_1 des Gegenstands A_0B_0. Von diesem Zwischenbild in der vorderen Brennebene des Okulars erzeugt dieses ein Bild $A'B'$ im Unendlichen, welches mit dem Auge beobachtet wird. Die *Fokussierung* erfolgt durch das Verändern des Abstands zwischen dem Objekt und der Eingangsebene des Objektivs.

Um eine Mikrofotografie zu erhalten, führt man nach dem Okular ein Fotoobjektiv ein, welches auf der Fotoplatte in seiner Brennebene ein reelles Bild A_2B_2 erzeugt. In diesem Fall wird die Funktion des Mikroskops durch seine lineare Vergrößerung beschrieben:

$$g = \frac{A_2B_2}{A_0B_0}$$

Selbst wenn man die Vergrößerung über 1000fach hinaus steigert, ändert sich an der Qualität des Bildes nichts mehr, weil man dabei die *Auflösungsgrenze* des Geräts erreicht. Dieser Begriff bedarf einer genaueren Diskussion. Das erste Problem ist mit der Wellennatur der Strahlung verknüpft. Es handelt sich dabei um das Phänomen der Beugung. Das Bild eines Punktes, das von einer perfekten Linse und einer monochromatischen Strahlung der Wellenlänge λ erzeugt wird, ist ein kreis-

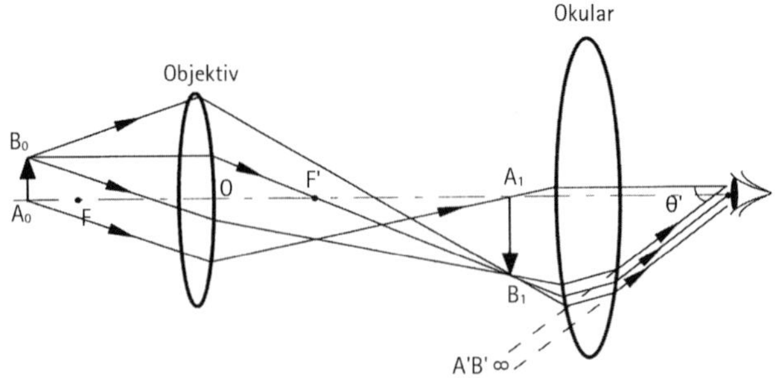

Abb. 7: Strahlengang und Bildentstehung in einem Lichtmikroskop.

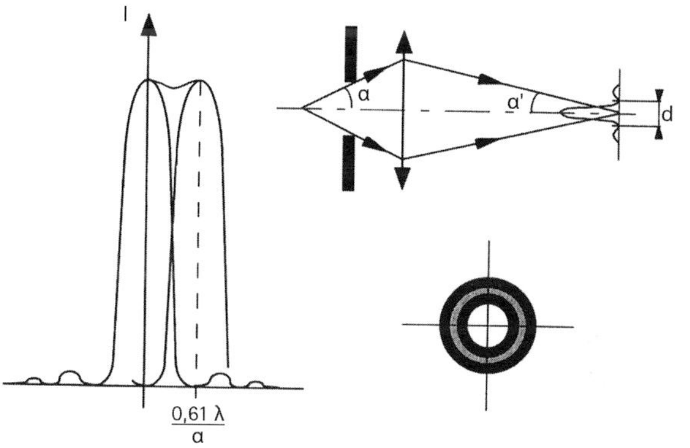

Abb. 8: Beugung an einer Kreisblende und Definition der Auflösungsgrenze.

runder Fleck umgeben von Ringen abnehmender Intensität. Dabei handelt es sich um das Airy-Scheibchen, dessen Durchmesser $d = 1{,}22 \cdot \lambda/\alpha'$ ist (s. Abb. 8).

Bezogen auf die Objektebene lässt sich diese Größe über dieselbe Formel mit dem Winkel α ausdrücken. Dabei ist α der Halbwinkel, durch den das Objekt durch die Objektivlinse gesehen wird. Daraus ergibt sich, dass der Fleck mit zunehmendem Winkel α und abnehmender Wellenlänge λ kleiner und damit das Bild umso schärfer wird. Für eine Linse mit sehr kleiner Brennweite, die bei einer Vergrößerung der Größenordnung 100 arbeitet, ist der Winkel α nicht mehr sehr klein und man muss ihn in obiger Formel durch die numerische Apertur $O_n = n \cdot \sin \alpha$ ersetzen. Dabei ist n die Brechzahl des Mediums, in dem das Objekt unterhalb des Objektivs eingebettet ist. Die größten numerischen Aperturen liegen etwa bei 1,3. Für eine Wellenlänge von $0{,}6\ \mu m$, entsprechend etwa gelbem Licht, erhält man demzufolge für d einen Wert von $0{,}56\ \mu m$.

Die Auflösungsgrenze ist durch den Abstand s zwischen zwei Punkten gegeben, deren Beugungsscheiben gerade noch getrennt wahrgenommen werden können. Nach Lord Rayleigh wird dieser Abstand definiert als der Fall, bei dem das Maximum des einen Beugungsscheibchens auf dem Minimum des benachbarten Beugungsscheibchens sitzt.

Daraus ergibt sich

$s = 0{,}61 \cdot \lambda / O_n,$

also $0{,}28\ \mu m$ für obiges Beispiel.

Eine weitere Möglichkeit, die Qualität des Bildes zu beschreiben, versteht man besonders leicht, wenn man sich an das Testbild auf unserem Fernsehbildschirm erinnert. Nehmen wir an, dass das Objekt aus einem Gitter von weißen und schwarzen Linien der Periodizität p besteht. Wie Abb. 9 zeigt, liefert das Objektiv ein Bild mit einem Kontrast $\gamma = (I_2 - I_1)/(I_1 + I_2)$, wobei I_2 die Intensität der Maxima und I_1 die der Minima darstellt. Dabei ändert sich die Raumfrequenz nicht, aber die schwarzen und weißen Striche sind mehr oder weniger grau geworden. Dieser Effekt wird mit kleiner werdendem Abstand p immer deutlicher, d. h. je mehr sich der Abstand der Größe des Beugungsscheibchens nähert. Diese Abhängigkeit stellt man als Kontrastübertragungsfunktion dar, wobei der Kontrast γ über der Raumfrequenz $1/p$ aufgetragen wird. Für eine bestimmte Abschneidefrequenz $1/p_0$ ist der Kontrast 0 geworden, d. h. $I_1 = I_2$. Die Kenntnis der Übertragungsfunktion und insbe-

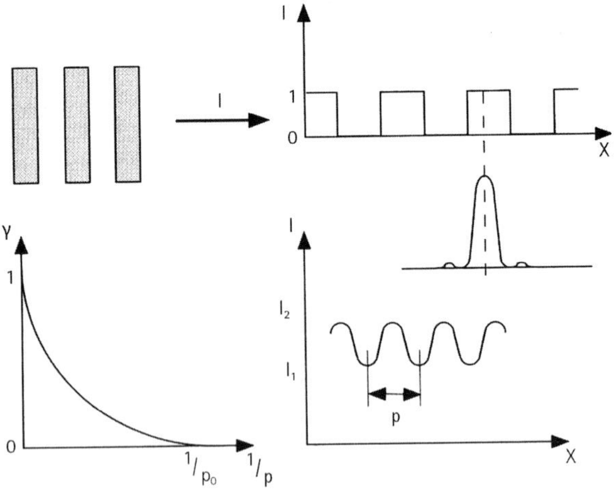

Abb. 9: Die Übertragungsfunktion und ihre Bedeutung bei der Definition der Auflösungsgrenze.

sondere der Abschneidefrequenz liefert uns alle Informationen über den Zusammenhang zwischen Objekt und Bild.

In der bisherigen Diskussion sind wir davon ausgegangen, dass die Objektivlinse eine perfekte Linse ist. Man weiß jedoch, dass Glaslinsen auch Fehler aufweisen. Insbesondere leiden Glaslinsen an Farbfehlern, d.h. sie fokussieren kurzwelliges Licht stärker als langwelliges Licht. Für weißes Licht führt dies zu Farbringen. Selbst für monochromatisches Licht ist die Fokussierung nicht ideal. Beispielsweise werden Strahlen am Rand stärker gebrochen als solche, die in der Nähe der optischen Achse der Linse verlaufen. Diese Effekte sind unter dem Namen Öffnungsfehler (oder sphärische Aberration) und Koma (Asymmetriefehler) bekannt. Die optischen Linsen haben eine sehr gute Qualität und man kann sie je nach der Krümmung der Oberfläche als Sammellinsen oder Zerstreuungslinsen bauen. Durch Aneinanderreihung mehrerer Linsen mit unterschiedlichen Eigenschaften kann man stigmatische Objektive herstellen, für die Farbfehler, Öffnungsfehler und Koma korrigiert sind.

In Strahlrichtung kann man eine vertikale Auflösung definieren, die auch als Tiefenschärfe bezeichnet wird. Diese entspricht dem Abstand d_z auf der optischen Achse, für den sich die Schärfe des Bildes kaum ändert. Diese Dicke ist umso kleiner, je größer die numerische Apertur O_n ist. Im günstigsten Fall liegt auch sie in der Größenordnung eines Bruchteils eines μm. Damit kann man im Mikroskop sog. optische Schnitte des Objektes anfertigen, obwohl das Bild dabei von defokussierten Bildern benachbarter Schichten überlagert wird.

Zur Verbesserung der optischen Tiefenauflösung bei durchsichtigen Objekten sind in den letzten Jahren *konfokale Rastermikroskope* auf dem Markt erschienen. In diesem Instrumententyp werden Quelle und Detektor durch einen Aufbau mit kleinen Lochblenden, Spiegeln und gemeinsamen Objektiven gleichzeitig auf denselben Punkt des Präparates fokussiert. Das Objekt wird Punkt für Punkt abgetastet, indem der Strahl mit einem Rastermechanismus über das Objekt geführt wird. Dieses Prinzip erlaubt es, das Licht, das nicht von der richtigen Ebene kommt, fast vollständig auszublenden. Bei Verwendung von Immersionsobjektiven großer numerischer Apertur erhält man einen verbesserten Kontrast mit einer sehr kleinen Tiefenschärfe von der Größenordnung eines halben μm bei einer lateralen Auflösung von etwa $0{,}2$ bis $0{,}3\ \mu m$. Ein konfokales Mikroskop ermöglicht die Erzeugung dreidimensionaler Abbildungen mit μm-Auflösung und stellt die wichtigste Entwicklung in der Lichtoptik des letzten Jahrzehnts dar. Besondere Vorteile bietet es bei der Abbildung von Zellen und Geweben mit speziellen Fluoreszenzmarkern.

2.2 Das Elektron als Primärstrahlung

Ausgehend von der Definition und der Bestimmung der Auflösungsgrenze haben wir gesehen, dass das Lichtmikroskop der Erforschung der Mikrowelt angepasst ist. Man kann hoffen, durch den Einsatz von Elektronenstrahlen einige Größenordnungen zu überspringen und damit direkten Zugang zu interatomaren Abständen zu bekommen. Der einzige Parameter, durch den man einen Faktor der Größenordnung 1000 gewinnen kann, ist die Wellenlänge der einfallenden Strahlung. In Tab. 1 haben wir gesehen, dass dabei zwei Lösungsmöglichkeiten denkbar sind: zum einen der Einsatz von Röntgenstrahlen und zum anderen die Verwendung von geladenen Teilchen, insbesondere von Elektronen.

Im ersten Fall waren die Fortschritte sehr langsam, weil alle Materialien in diesem Wellenlängenbereich eine Brechzahl von etwa 1 haben und deshalb die Konstruktion fokussierender optischer Elemente nicht möglich war. Die einzige Lösung bestand darin, Projektionsmikroskope zu bauen, in denen man den Schatten des Objekts auf einem Detektor registriert. Dabei wird die Auflösung je nach der gewählten Anordnung von Quelle, Präparat und Detektor entweder durch die Größe der Quelle oder durch die Größe des Detektors (Korngröße des Fotomaterials) begrenzt. In allen diesen Fällen ist die Auflösung nicht wesentlich besser als die des Lichtmikroskops mit sichtbarem Licht. Erst in den letzten Jahren gelang durch die Einführung von Röntgenspiegeln mit Schichtsystemen aus schweren und leichten Materialien die Fokussierung von Röntgenstrahlen mit einer Auflösung in der Größenordnung von einigen $10\ nm$. Nach diesem großen Fortschritt in der Röntgenmikroskopie dürfen wir auf die weitere Entwicklung gespannt sein.

Kommen wir zur de Broglie-Beziehung zurück, die einem Elektron der Masse m und der Geschwindigkeit v eine Wellenlänge $\lambda = h/(mv)$

zuordnet. Die Geschwindigkeit wiederum ist mit der Beschleunigungsspannung *U* verknüpft. Für die in einem Elektronenmikroskop üblichen Beschleunigungsspannungen bewegen sich die Elektronen mit einer Geschwindigkeit von mehr als der Hälfte der Lichtgeschwindigkeit c. Es ist daher naheliegend, ihre Geschwindigkeit durch das Verhältnis $\beta = v/c$ zu beschreiben. Sie sind demzufolge relativistisch und haben eine Masse, die dem 1,2- bis dreifachen der Ruhemasse m_0 eines Elektrons entspricht. Ihre Ruheenergie ist durch $E_0 = m_0c^2 = 511\ keV$ gegeben. Für die Wellenlänge der Elektronen ergibt sich daraus

$$\lambda = 1240 keVpm/[eU(eU + 2E_0)]^{1/2}. \qquad (2)$$

Mit dieser Beziehung können wir die wesentlichen Parameter für schnelle Elektronen berechnen (Tab. 2).

Tab. 2:

U(kV)	β = v/c	m/m_0	λ(pm)
100	0,548	1,196	3,70
300	0,776	1,587	1,97
1.000	0,941	2,957	0,87

Da die Wellenlänge der Elektronen viel kleiner ist als die mittleren interatomaren Abstände, sind sie für die Erforschung der Materie auf einer Subnanometerskala prinzipiell geeignet.

Da durch elektromagnetische Felder Kräfte auf geladene Teilchen ausgeübt werden und demzufolge ihre Bahnen kontrolliert beeinflusst werden können, kann man ein elektronenoptisches Instrument bauen, das einem Lichtmikroskop sehr ähnlich ist. Durch die Wahl geeigneter Feldverteilungen kann man *Elektronenlinsen* herstellen, die auf Elektronen wirken wie Glaslinsen auf Lichtstrahlen. Diese Elektronenlinsen werden im folgenden Kapitel genauer beschrieben. Andererseits bringt die Benutzung von Elektronen einige Einschränkungen mit sich. Insbesondere können sie sich aufgrund ihrer starken Wechselwirkung mit Materie nur im Vakuum frei ausbreiten. Die Säule eines Elektronenmikroskops ist deshalb im Wesentlichen ein Rohr, das auf ein Vakuum der

Größenordnung von einem Milliardstel des atmosphärischen Drucks oder weniger abgepumpt wird (dieser Umstand wird in Kapitel 4.4 noch einmal genauer diskutiert).

2.3 Ein kurzer Abriss der Geschichte der Elektronenmikroskopie

Das Elektronenmikroskop, das einen Strahl schneller Elektronen benutzt, um ein vergrößertes Bild der Probe zu erzeugen, wurde nicht in einem Schritt entwickelt und gebaut. Die heutigen Apparate sind das Ergebnis einer schrittweisen Entwicklung, die gegen Ende des 19. Jahrhunderts begann. Als Beginn kann man die Entdeckung des Elektrons und seine Eigenschaften betrachten. Bereits 1869 hat Hittorf die Ablenkung von Elektronenstrahlen, die man damals noch Kathodenstrahlen nannte, in magnetischen Feldern entdeckt. Zu erwähnen ist auch J.J. Thompson, der 1897 das Verhältnis zwischen Ladung und Masse e/m sowie die negative Ladung bestimmte. Millikan hat 1909 die Ladung des Elektrons als $1{,}6 \cdot 10^{-19}$ *C* bestimmt. Daraus ergibt sich die Masse von $9{,}1 \cdot 10^{-31}$ *kg*. Zur selben Zeit haben Experimente von Birkeland und Poincaré mit Elektronenstrahlen gezeigt, dass es mit einem Magnetfeld möglich ist, einen Strahl auf einen bestimmten Punkt des Raumes zu fokussieren. Damit waren alle notwendigen Elemente zur Verwirklichung von Elektronenlinsen vorhanden. Es dauerte jedoch weitere drei Jahrzehnte, bis in weiteren Schritten das erste Elektronenmikroskop gebaut wurde.

In den 1920er-Jahren hat der deutsche Physiker Hans Busch die Grundlagen der Elektronenoptik erarbeitet. Durch die Berechnung der Elektronenbahnen in einem rotationssymmetrischen Magnetfeld konnte er zeigen, dass sie sich ähnlich verhalten wie Lichtstrahlen in einem Rundlinsensystem. Nun konnte man Elektronenlinsen entwickeln, die den optischen Linsen völlig äquivalent waren. Damit waren alle Hauptelemente, die zur Herstellung eines Elektronenmikroskops notwendig sind, vorhanden. Dies entging auch nicht der Aufmerksamkeit von zwei Physikern, die sich 1928 in einer Ecke des Café Wien in Berlin unterhielten:

Szilard: „Busch hat gezeigt, dass man Elektronenlinsen bauen kann, de Broglie hat gezeigt, dass sie Wellenlängen von weniger als 1 Å haben.

Warum baust du nicht einfach ein Elektronenmikroskop? Mit dem könnte man Atome sehen!"

Gabor: „Ja, ich weiß. Aber man kann keine lebende Materie in Vakuum einbringen und außerdem wird unter dem Elektronenstrahl alles in Asche verwandelt."

Die Geschichte wird zeigen, wie sie in wenigen Worten die großen Perspektiven und die Grenzen der Elektronenmikroskopie erkannt haben.

Trotz allem beschlossen zwei Berliner Wissenschaftler, sich in das Abenteuer zu stürzen. Am 04. Juni 1931 berichtete Max Knoll auf einer Tagung an der Technischen Hochschule Berlin über Experimente, die er mit seinem Studenten Ernst Ruska durchgeführt hatte. Bei dieser Gelegenheit zeigte er die ersten Bilder, die er mit einem Mikroskop mit zwei Linsen bei einer Spannung von einigen tausend Volt erzeugt hatte. Dabei konnte schon eine Auflösung von einigen zehn *nm* erzielt und damit die Auflösungsgrenze der Lichtmikroskopie überschritten werden. Damit begann ein großes Abenteuer, für das 1986 einer der Erfinder, Ernst Ruska, nach mehr als fünfzig Jahren den Nobelpreis für Physik erhielt.

Abb. 10 zeigt eine Skizze des ersten Elektronenmikroskops, das 1931 gebaut wurde. In Berlin herrschte damals eine große Aufbruchsstimmung auf diesem Gebiet. Nachdem Ernst Brüche mit seinem Mitarbeiter H. Johannson 1930 den Begriff der elektronenoptischen Brechzahl eingeführt und damit die Analogie zwischen Elektronenoptik und Lichtoptik aufgezeigt hatte, gründete AEG-Telefunken eine sehr aktive Forschungsabteilung, in der sie einige Monate später im August 1931 die ersten Bilder mit einem Elektronenmikroskop aufzeichneten.

Diese Entwicklung, die in Deutschland begann, strahlte schnell nach ganz Europa und nach Amerika aus. In den 1930er-Jahren wurden auch Elektronenmikroskope in den Niederlanden, in Belgien, in Großbritannien und in Toronto gebaut. Und 1939 konnte anhand von Bildern, die mit verschiedenen Geräten aufgenommen wurden, eine Auflösungsgrenze von *10 nm* nachgewiesen werden.

Aber kehren wir nach Berlin zurück, wo sich in den 1930er-Jahren einiges abspielte. In den Forschungslabors der Fa. Siemens entwickelten Bodo von Borries und Ernst Ruska das erste kommerzielle „Ultramikroskop". Gleichzeitig wurden die ersten Techniken zur Präparation

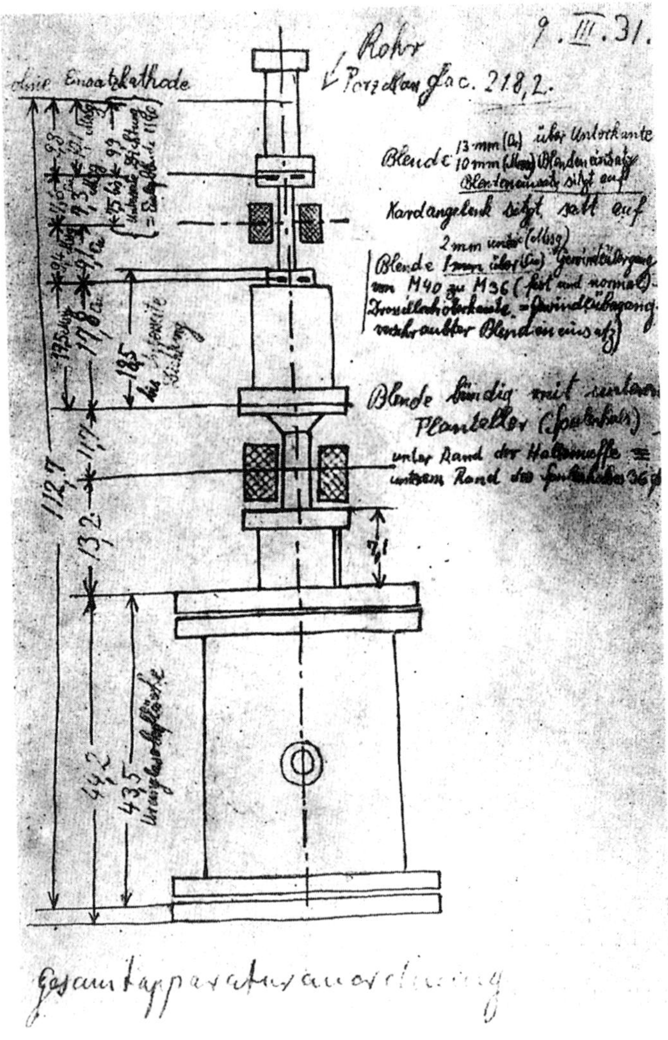

Abb. 10: Skizze des ersten Elektronenmikroskops von Ernst Ruska (Akademia Leopoldina).

dünner Proben entwickelt. Damit konnten die ersten Bilder von Bakterien, Viren, Kohlenstoffpartikeln und Diatomeen aufgenommen werden, die zunächst noch ein bisschen unscharf waren. Die düsteren Vorhersagen von Gabor erwiesen sich als nicht zutreffend. Auch in den 1940er-Jahren ging der Fortschritt auf beiden Seiten des Atlantiks weiter. Mehrere Firmen forschten auf diesem Gebiet (Philips, RCA, Metropolitan, Vickers), aber viele der damals erzielten Ergebnisse wurden nicht veröffentlicht, weil sie als Staatsgeheimnisse galten. In Frankreich wurde nach frühen Versuchen von J. J. Trillat und R. Fritz im Jahre 1933 erst Anfang der 40er Jahre von Pierre Grivet ein elektrostatisches Elektronenmikroskop aufgebaut. In Japan und der Sowjetunion begannen die Arbeiten erst Ende der 1940er-Jahre.

Kehren wir wieder nach Berlin in die Forschungslabore von Siemens im Jahre 1936 zurück, wo nicht nur Elektronenmikroskope entwickelt wurden. Erwin Müller arbeitete an einem Feldemissionsmikroskop, in dem eine Probe in Form einer feinen Spitze in eine Hochvakuumkammer eingebaut wurde. Durch Anlegen einer Spannung von einigen Tausend Volt wurde ein starkes elektrisches Feld an der Spitze erzeugt. Die ausgelösten Elektronen konnte man dann auf einem phosphoreszierenden Schirm als Bild der Oberfläche der Spitze sehen. Man sah dabei die Kristallsymmetrie mit einer Auflösung in der Größenordnung von etwa *10 nm*. Über diese Technik werden wir später noch einmal sprechen.

Etwas direkter betreffen uns die Arbeiten, die von Max Knoll und Manfred von Ardenne weitergeführt wurden. Sie entwickelten und bauten den Prototyp eines Rasterelektronenmikroskops. Das Bild wird dabei Punkt für Punkt aufgebaut, indem ein feiner Elektronenstrahl über die Oberfläche der Probe geführt und das Signal auf einer synchron gesteuerten Bildröhre dargestellt wird. Die Helligkeit des Bildpunkts wird durch die Höhe eines Signals gesteuert, das durch die Wechselwirkung des Strahlflecks mit der Probe entsteht. Obwohl in den 1940er-Jahren entsprechende Arbeiten auch in den RCA-Labors in den Vereinigten Staaten durchgeführt wurden, dauerte es bis zu den Arbeiten von Oatley in Cambridge 1953, bis das Rasterelektronenmikroskop wirklich zu dem kommerziellen Instrument wurde, wie wir es heute kennen.

Dieser kurze Abriss der Geschichte der Elektronenmikroskopie muss sich natürlich auf einige Eckpunkte beschränken. Seit Ende der

1940er-Jahre hat es weitere Fortschritte gegeben. Mehrere Firmen haben sich fest auf dem Markt etabliert und haben in fünf Jahrzehnten mehrere 10.000 Mikroskope in der ganzen Welt verkauft. Davon sind mehr als zwei Drittel Rasterelektronenmikroskope. Heute wird der Markt hauptsächlich von europäischen (FEI, Zeiss) und japanischen (JEOL, Hitachi) Firmen beherrscht, um nur die wichtigsten zu nennen. Wir wollen noch drei Entwicklungen genauer beleuchten.

In Frankreich hat sich Gaston Dupouy nachdrücklich für die Elektronenmikroskopie bei sehr hohen Spannungen eingesetzt, um damit dickere Proben untersuchen zu können. Zunächst baute er ein Elektronenmikroskop, das mit einer Beschleunigungsspannung von 1 Million Volt (*1MV*) arbeitete. Im Dezember 1960 zeigte er zusammen mit seinem Mitarbeiter Frantz Perrier die ersten mit diesem Instrument aufgezeichneten Bilder. In einem zweiten Schritt baute er zehn Jahre später ein noch leistungsfähigeres Gerät, das mit einer Beschleunigungsspannung von *3 MV* arbeitete. Diese Richtung wurde insbesondere in Japan weiterverfolgt. Der Weg zu hohen Spannungen war jedoch sehr teuer geworden. Die Geräte waren so groß, dass sie nicht mehr in ein normales Labor passten, und die erzielte Verbesserung der Auflösungsgrenze entsprach nicht den Erwartungen. Sie wurden daher nur in sehr speziellen Bereichen angewendet und Ende der 1980er-Jahre waren nur noch wenige Maschinen dieser Bauart in Betrieb. Die 1990er-Jahre haben jedoch einen neuen Aufschwung für die Hochspannungsmikroskopie gebracht. Die technischen Probleme, die die Nutzung der kürzeren Wellenlängen verhindert hatten, wurden endlich gelöst. Fünf bis sechs Mikroskope (japanischer Bauart) arbeiten heute bei über einem Megavolt, um Strukturen mit einer sehr hohen Auflösung von etwa 0,1 nm zu untersuchen. Derartige Geräte wurden in Japan installiert, das einzige Exemplar außerhalb Japans steht im Max-Planck-Institut in Stuttgart.

Die Rasterelektronenmikroskope sind aufgrund ihrer großen Einfachheit in der Benutzung, ihrer Fähigkeit, sehr unterschiedliche Bildfelder abzubilden und ihrer großen Tiefenschärfe zu einem unverzichtbaren Gerät zur Untersuchung der Oberflächen von massiven Proben geworden. In vielen Laboratorien, insbesondere auch der Industrie, wurden sie zu einem unverzichtbaren Instrument. Im Jahre 1970 hat Albert Crewe von der Universität Chicago ein Rastertransmissions-Elektronenmikroskop entwickelt, in dem er die Techniken der zeilenweisen Abbildung des Rasterelektronenmikroskops mit der Verwendung von Signalen kombinierte, die nach dem Durchgang der Elektronen durch die Probe entstehen. Die Feldemissionsquelle eines solchen STEM (scanning transmission electron microscope) erlaubt die verkleinerte Abbildung der Quelle auf eine Oberfläche, sodass der Strahldurchmesser weniger als *0,5 nm* beträgt. Damit gelang zum ersten Mal die Abbildung einzelner schwerer Atome, die auf einem dünnen Kohlenstofffilm aufgebracht waren. Dies war der Ausgangspunkt für ein analytisches Elektronenmikroskop mit sehr hoher Auflösung, dem wir im Folgenden ein eigenes Kapitel (Kap. 6) widmen werden. Entwicklung und Verkauf derartiger Mikroskope lagen über Jahrzehnte bei der britischen Firma Vacuum Generators, die zwischen 1975 und 1996 eine große Zahl davon verkaufte, dann jedoch die Herstellung und den Verkauf einstellte.

2.4 Die verschiedenen Typen von Elektronenmikroskopen

Je nach gewähltem Kriterium kann man die Elektronenmikroskope in verschiedene Klassen einteilen. Das erste Kriterium betrifft die Geometrie der Probe. Bei massiven Proben interessiert man sich für die Signale, die von der Oberfläche in einer Reflexionsgeometrie ausgehen. Alternativ kann man Proben untersuchen, die als dünne Schichten vorbereitet werden. Dann handelt es sich um eine Transmissionsmikroskopie (s. Tab. 3).

Tab. 3:

Art der Probe	Mikroskoptyp	Herkunft der Signale
Massiv	Reflektion	Oberfläche oder geringe Tiefe
Dünne Schicht	Transmission	Integriert über die Dicke

Das zweite Kriterium betrifft den Instrumententyp (s. Tab. 4). Man unterscheidet je nach der Art der Bilderzeugung zwischen *konventionellen Mikroskopen*, deren Konzeption von den Lichtmikroskopen abgeleitet ist, und *Rastermikroskopen*, deren Ursprung sich am Fernseh-

Tab. 4:

Konventionelle Mikroskopie	Rastermikroskopie
Fester Strahl und Optik nach der Probe	Bewegter Strahlfleck Fokussierende Beleuchtungsoptik und Geeignete Detektoren
Große Bildfelder oder Beugungsmuster	Rasterbilder oder Punktanalysen

gerät orientiert. Im ersten Fall beleuchtet man mit Hilfe einiger Kondensorlinsen einen relativ ausgedehnten Bereich der Probe. Ein optisches System aus mehreren Linsen nach der Probe (Objektivlinse, Zwischenlinse, Projektivlinse) bildet davon ein vergrößertes Bild oder ein Beugungsmuster ab. Im zweiten Fall erzeugt ein Beleuchtungssystem einen fokussierten Strahlfleck auf der Probe. Dabei gibt es nach der Probe keine Optik. Je nach Anordnung von Detektoren und Spektrometern (für die Analyse) werden verschiedene Signale aufgezeichnet. Das Bild erhält man mit Hilfe einer sequenziellen Rasterung des Strahlflecks über die Probe hinweg und einer synchronen Darstellung der verschiedenen aufgezeichneten Signale auf einem Monitor.

Fasst man die beiden Arten der Unterscheidung zusammen, so ergeben sich vier große Familien von Elektronenmikroskopien:

1. TEM (Transmissionselektronenmikroskopie)
2. REM (Reflexionselektronenmikroskopie)
3. SEM (Rasterelektronenmikroskopie, scanning electron microscopy)
4. STEM (Rastertransmissionselektronenmikroskopie, scanning transmission electron microscopy)

Von diesen vier Kategorien werden in der Praxis nur die Kategorien 1, 3 und 4 genutzt, die wir in den folgenden Kapiteln im Detail diskutieren werden. Um die Vorteile der beiden Arten (konventionell und Raster) für die Untersuchung von dünnen Proben in Durchstrahlung zu nutzen, sind in den letzten Jahren TEM/STEM-Hybridoptiken auf dem Markt erschienen, die beide Betriebsarten im selben Gerät ermöglichen. Dies ist durch den Einbau einiger zusätzlicher Linsen in der Mikroskopsäule möglich geworden.

Die üblichen Beschleunigungsspannungen liegen für Rasterelektronenmikroskope zwischen etwa *10* und *40 kV* und für Transmissionselektronenmikroskope zwischen *100* und *400 kV*. Die Gründe für die Wahl dieser Beschleunigungsspannungen werden später klar, wenn wir uns mit der Bildentstehung befassen (Kap. 5).

Kapitel 3 Die wichtigsten Elemente eines Elektronenmikroskops

Trotz ihrer Unterschiede haben die Elektronenmikroskope eine ganze Reihe gemeinsamer Bestandteile: ein Pumpsystem zur Erzeugung des Vakuums in der Kammer und im Strahlrohr, eine elektronenoptische Säule, bestehend aus einer Elektronenquelle, Elektronenlinsen und einem oder mehreren Detektoren, eine Probenkammer, die das Einschleusen und Verschieben der Probe während der Beobachtung erlaubt und natürlich die elektrische Versorgung der Elektronik und des Rechnersystems, um das Funktionieren der einzelnen Bestandteile und die Aufzeichnung und das Verarbeiten der Ergebnisse zu ermöglichen. In diesem Kapitel wollen wir die wichtigsten Bestandteile der Elektronenmikroskope heutiger Generation beschreiben.

3.1 Die Elektronenquellen

Die Elektronenkanone sorgt für die Erzeugung der Elektronen und ihre Beschleunigung und liefert am Eingang der Säule einen mehr oder weniger divergenten feinen Elektronenstrahl. Dieser komplizierte Aufbau muss mehrere Funktionen gleichzeitig erfüllen. Man kann ihn wie eine elektrostatische Linse mit mehreren Elektroden (s. Abb. 11) darstellen.

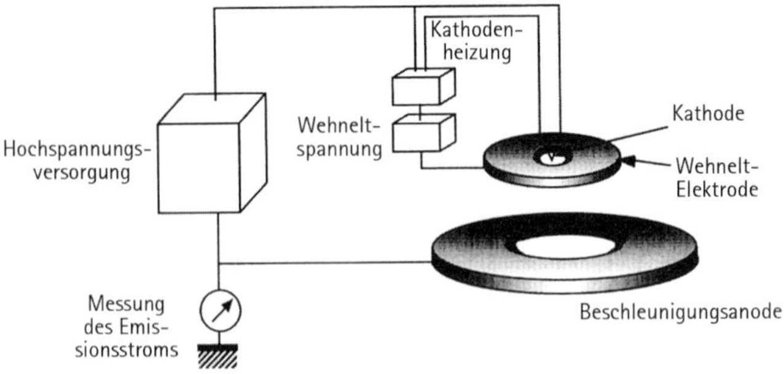

Abb. 11: Aufbau einer Elektronenquelle.

Die Elektronenquelle im engeren Sinne ist die Kathode. Zunächst gilt es, Elektronen von einer metallischen Oberfläche auszulösen. Dazu werden zwei verschiedene physikalische Effekte ausgenutzt:

- Die *Temperatur*. Heizt man den Draht eines hochschmelzenden Materials auf eine hinreichend hohe Temperatur auf, so kann ein kleiner Anteil seiner Elektronen genügend Energie zur Überwindung des Potenzialwalls, der sie im Festkörper hält, ansammeln. Danach bewegen sie sich frei im Vakuum und werden vom elektrischen Feld der Anode angezogen. Für Jahrzehnte wurden V-förmige Wolframspitzen verwandt, die auf etwa *2500 °C* aufgeheizt wurden. Zu dieser Klasse der *thermischen Kathoden* gehört auch die Lanthanhexaborid (LaB_6)-Spitze, die auf etwa *1500 °C* aufgeheizt wird. Sie hat in den letzten Jahren die Wolframkathode zunehmend verdrängt, weil sie von einer kleineren Emissionszone eine etwa 30fach höhere Elektronenstromdichte liefert.
- Zur Erzeugung hoher Elektronenstromdichten können auch starke *elektrische Felder* (*E* ausgedrückt in *V/m*) verwandt werden. Dazu benutzt man feine Spitzen mit einem Radius *R*, an die eine Spannung *U* bezogen auf die Extraktionsanode angelegt wird. An der Spitze erzielt man dadurch eine Feldstärke der Größenordnung *U/R*. Für eine Wolframspitze mit einem Durchmesser von etwa *100 nm* und einer Potenzialdifferenz von *1000 V* zwischen der Kathode und der Extraktionsanode ergeben sich Felder in der Größenordnung von einigen 10^9 *V/m*, die eine Feldemission durch den Tunneleffekt ermöglichen. Eine derartige Quelle liefert eine Elektronenstromdichte, die etwa eine Million Mal größer ist als die, die von einer klassischen Wolframquelle emittiert wird. Sie scheint außerdem von einem sehr kleinen Bereich in der Nähe der Spitze zu stammen (s. Abb. 12).

Diese *Feldemissionskathoden* sind brillanter als thermische Kathoden. Man sagt, sie haben einen hohen Richtstrahlwert. Diese Eigenschaft erlaubt es, sie auf sehr kleine Flecke zu fokussieren und dabei noch einen großen Strom zu behalten. Die Verwendung einer derartigen Quelle führte zum Erfolg der analytischen Rastertransmissions-Elektronenmikroskope (STEM). Für ihren Betrieb müssen jedoch sehr hohe Anforderungen an das Vakuum gestellt werden: Schon durch einen dünnen molekularen Film von adsorbiertem Gas kann die Tunnelbarriere so

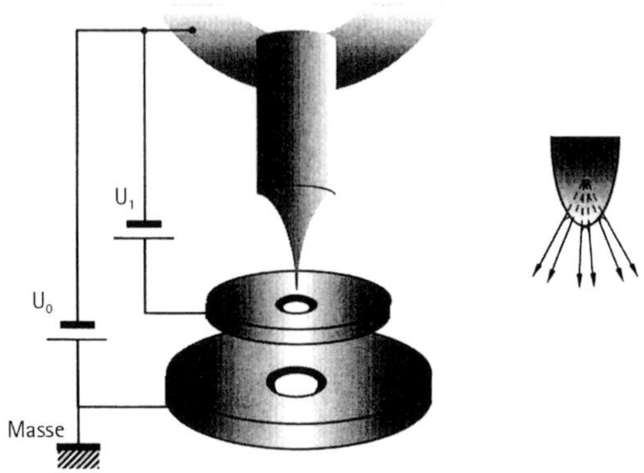

Abb. 12: Elektronenemission aus der Spitze einer Feldemissionskathode.

angehoben werden, dass sich die Emissionseigenschaften dramatisch verschlechtern. Für eine stabile Emission muss die Kathodenoberfläche in einem Vakuum von der Größenordnung 10^{-9} *Pa*, d.h. 10^{-14}-mal dem Atmosphärendruck (Ultrahochvakuum) gehalten werden.

- In den letzten Jahren wurden verschiedene Lösungsansätze getestet, um ein starkes elektrisches Feld und hohe Temperatur an Metallspitzen kombinieren zu können. Diese Metallspitzen sind entweder thermisch vorbehandelt oder mit Oxiden belegt und erlauben die Herstellung von Kathoden, deren Eigenschaften fast so gut sind wie die der klassischen Feldemissionsquellen. Sie stellen keine ganz so hohen Anforderungen an das Vakuum.

Durch den Emissionsprozess werden die Eigenschaften des Elektronenstroms beim Durchtritt durch die Kathodenoberfläche festgelegt. Dies ist jedoch nur der erste Schritt. In der Elektronenkanone muss außerdem dieser Elektronenstrom geringer Geschwindigkeit in einen beschleunigten und gebündelten Elektronenstrahl am Eingang der Elektronensäule umgewandelt werden. Dies wird durch die folgenden Elektroden erreicht, deren Funktion je nach Quellentyp anders ist. Bei einer Feldemissionsquelle wirkt die erste Anode als Extraktionselektrode, denn sie legt das elektrische Feld an der Oberfläche der Kathode fest. Sie liegt auf einer positiven Spannung U_1 von einigen *kV* in Bezug auf die Kathode. Im Gegensatz dazu hat die erste Elektrode bei thermischen Quellen nur eine fokussierende Funktion. Sie trägt ein negatives Potenzial von einigen Hundert Volt in Bezug auf die Kathode: Man nennt sie Wehnelt-Elektrode. In beiden Fällen ist die zweite Elektrode die Beschleunigungsanode. Ihre Spannung bezogen auf die Kathode legt die Energie der Elektronen im Mikroskop fest.

Am Ausgang der Elektronenkanone haben alle Elektronen fast dieselbe Energie, d. h. sie sind monochromatisch. Ihre Energiebreite liegt je nach Art der benutzten Quelle zwischen *0,3* und *2 eV*. Die geringsten Energiebreiten erreicht man mit Feldemissionsquellen. Sie werden mit der Betriebsspannung beschleunigt und scheinen von einem Punkt herzukommen, dem sog. Crossover am Ausgang der Kathode. Die Stromdichteverteilung im Crossover (Gesamtstrom/Strahlquerschnitt) bestimmt die späteren Eigenschaften des Strahls, insbesondere auch auf der Probe.

Spannungen über *100 kV* können im Transmissionselektronenmikroskop nicht direkt an eine Beschleunigungselektrode angelegt werden. Dafür benötigt man ein mehrstufiges Beschleunigungssystem.

3.2 Die magnetischen Elektronenlinsen: Prinzip und Funktion

Bei der Besprechung der Elektronenquelle ist uns schon eine erste Art von Elektronenlinsen begegnet: die *elektrostatische Linse*, die im Crossover ein Bild von der Kathode erzeugt. Eine elektrostatische Linse wirkt durch die Kräfte, die von elektrischen Feldern auf elektrische Ladungen, d. h. auf den Elektronenstrahl, ausgeübt werden. Das einfachste System besteht in einer Anordnung von kreisförmigen Elektroden, die entlang einer gemeinsamen Achse zentriert sind und an unterschiedliche Spannungen angeschlossen werden. Bei höheren Spannungen (*100 kV* und mehr) werden sie aufgrund von Isolationsproblemen nur sehr selten benutzt. Zwischen den kleinen Abständen der Elektroden müssen große Spannungen angelegt werden. Die dadurch erzeugten hohen Feldstärken bergen das Risiko von Überschlägen in sich, die den Oberflächenzustand der Linsen unwiederbringlich zerstören würden.

Elektrostatische Linsen werden daher heute außer im Bereich der Elektronenquelle nicht mehr verwandt. In der restlichen Säule werden die Elektronenbahnen durch Magnetlinsen beeinflusst.

Die Bewegung eines Elektrons in einem magnetischen Feld wird durch die Lorentz-Kraft bestimmt:

$$\vec{F} = -e(\vec{v} \times \vec{B}) \qquad (1).$$

Das Vektorprodukt zwischen dem Geschwindigkeitsvektor der Elektronen ($\vec{v}$) und dem magnetischen Feld ($\vec{B}$) besagt, dass die resultierende Kraft immer senkrecht auf der Geschwindigkeit $\vec{v}$ und demzufolge senkrecht auf der Elektronenbahn steht. Im Gegensatz zur Kraft in einem elektrischen Feld leistet sie keine Arbeit. Daher ändert sich während des Durchquerens des magnetischen Feldes weder der Betrag der Geschwindigkeit noch die Energie des Elektrons. Die Kraft bewirkt nur eine Bahnkrümmung.

Steht die Anfangsgeschwindigkeit eines Elektrons senkrecht auf einem homogenen magnetischen Feld, beschreibt es eine Kreisbahn mit dem Radius R, der sich durch Gleichsetzen von Zentripetalkraft und Lorentz-Kraft berechnen lässt:

$$mv^2/R = evB \quad oder \quad R = mv/(eB) \qquad (2).$$

Wenn diese Kraft nur über eine Länge l wirkt, wird dadurch eine Ablenkung um den Winkel

$$\alpha = \frac{eBl}{mv} \qquad (3)$$

bewirkt. Diese Ablenkung hängt von der Geschwindigkeit der Elektronen ab. Ein konstantes Magnetfeld senkrecht zur Elektronenbahn wirkt wie ein Prisma. Im Kapitel über die analytische Elektronenmikroskopie werden wir sehen, wie dies zur Messung des Energieverlusts, den Elektronen beim Durchlaufen eines Präparates erleiden, benutzt werden kann.

Ein konstantes Magnetfeld parallel zur Geschwindigkeit der Elektronen ändert nichts an der Bahn, da dann die Lorentz-Kraft verschwindet. Treffen die Elektronen jedoch schräg zu den Feldlinien auf, so kann man die Geschwindigkeit zerlegen in einen Anteil senkrecht zur Feldrich-

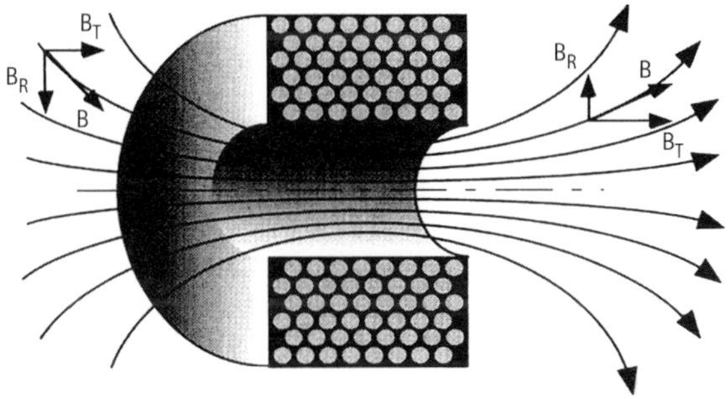

Abb. 13: Magnetische Feldlinien in einer kurzen Spule.

tung, der zu einer Kreisbewegung führt, und einen Anteil parallel zur Feldrichtung, der sich im Verlauf der Bahn nicht ändert. Insgesamt ergibt sich dann eine spiralförmige Bewegung.

Um eine Fokussierung zu erreichen, die der Wirkung einer Glaslinse auf einen Lichtstrahl entspricht, nutzt man das Randfeld einer kurzen Spule (s. Abb. 13).

Die Radialkomponente beim Eintritt in die Spule bewirkt eine Krümmung der Elektronenbahnen senkrecht zur Meridianebene. Durch diese Bewegung erhält die Geschwindigkeit eine Transversalkomponente senkrecht zur Achse und das longitudinale Feld bewirkt eine Radialkraft, die das Elektron über die gesamte Länge der Spule zur Achse hin ablenkt. Das Elektron beschreibt dann eine komplizierte gekrümmte Bahn, die man in der Regel in einer mit der Krümmung mitbewegten Ebene beschreibt.

Ein analoger Randfeldeffekt tritt in der Ausgangsebene auf. Die radiale Feldkomponente wirkt wiederum auf das Elektron und beendet die Rotationsbewegung, sodass die Elektronenbahn wieder geradlinig verläuft und die Achse im Punkt A' trifft (s. Abb. 14).

Die zeichnerische Darstellung wird klarer, wenn das Feld der Spule nur zwischen den zwei Ebenen π und π' wirkt. Der Einfluss der radialen Feldkomponente B_r ist demzufolge nur zwischen diesen beiden Ebenen zu sehen; außerhalb verschwindet er. Daraus resultieren zwei fiktive Knickpunkte M und M' entlang der Bahn. In dieser Darstellung ist die Projektion des Bahnverlaufs in der Meridianebene vom Verlauf

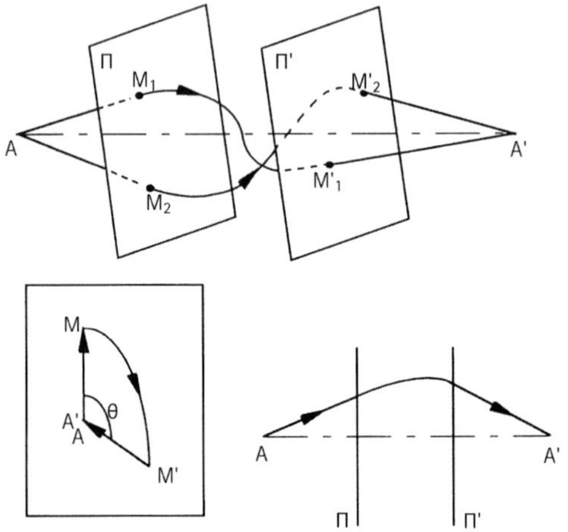

Abb. 14: Fokussierung von Elektronenstrahlen in einer kurzen magnetischen Spule.

senkrecht zur Achse der Spule entkoppelt. Man erhält daraus den Winkel der magnetischen Rotation zwischen der Objektebene und der Bildebene:

$$\theta = \sqrt{\frac{e}{8mU^*}} \cdot B \cdot L \qquad (4),$$

wobei L der Abstand zwischen den Ebenen π und π' ist, zwischen denen das konstante axiale magnetische Feld B wirkt. Die Größe $U^* = U[1 + (eU)/(2E_0)]$ mit $E_0 = m_0c^2 = 511\ keV$ wird als relativistisch korrigierte Spannung bezeichnet. In der Meridianebene ist die Brennweite analog zur Beziehung einer dünnen optischen Linse gegeben durch

$$\frac{1}{f} = \frac{e}{8mU^*} B^2 L \qquad (5).$$

In der Meridianebene können daher die Bahnen der Elektronen durch Strahlen dargestellt werden, die den optischen Gesetzen genügen.

Der Rotationswinkel hängt linear vom Magnetfeld ab und ändert daher sein Vorzeichen, wenn die Feldrichtung umgekehrt wird. Im Gegensatz dazu sind die Brennweite (f) und die Brechkraft ($1/f$) quadratische Funktionen des Feldes und demzufolge unabhängig von der Feldrichtung immer positiv. Deshalb gibt es für Elektronen nur Sammellinsen.

Für Linsen kurzer Brennweite, also großer Brechkraft, muss daher die radiale Feldkomponente so groß wie irgend möglich sein. Daher muss das Magnetfeld auf einen kleinen Raumbereich konzentriert werden. Dies führt zu einer Geometrie, in der das magnetische Feld in einem kleinen Bereich zwischen einem Polschuh aus Weicheisen (s. Abb. 15) eingesperrt ist.

In dieser Anordnung ist die Feldstärke proportional zur Anzahl der Ampère-Windungen $N \cdot I$ der Spule, und die Brechkraft der Linse ist proportional zu N^2I^2/U^*, wobei $N \cdot I$ gleich dem Produkt der Windungen N mal der Stromstärke I ist. Der Anregungsfaktor $K = N^2I^2/U^*$ spielt eine zentrale Rolle für die Wirkung von magnetischen Linsen. Während die Anzahl der Windungen durch den Aufbau festgelegt ist, kann der Spulenstrom I und damit die Brennweite durch Regeln der Potenziometer im elektrischen Versorgungskreis kontinuierlich verändert werden. Dadurch lässt sich ein Aufbau mit mehreren magneti-

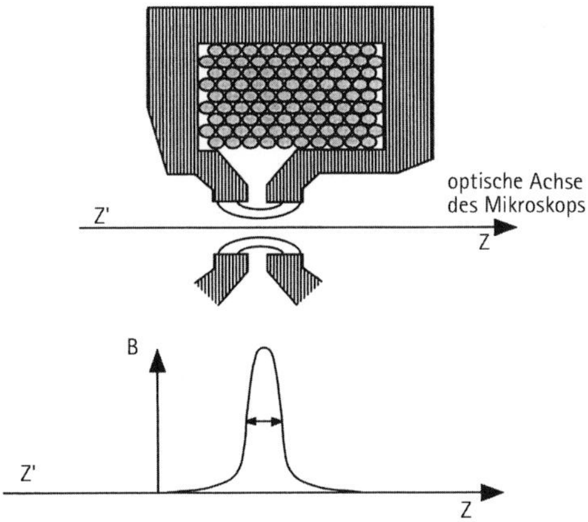

Abb. 15: Die Feldverteilung in einer magnetischen Elektronenlinse.

schen Elektronenlinsen viel leichter einstellen als ein Aufbau mit optischen Linsen, deren Brennweite durch die Konstruktion festgelegt ist.

In der Abfolge der verschiedenen Linsen entlang der elektronenoptischen Säule unterscheidet man:

- die Kondensorlinsen, die den Elektronenstrahl von der Quelle auf die Probe abbilden und die daher für die Beleuchtungsbedingungen zuständig sind.
- die Objektivlinse, in der sich im Allgemeinen das Präparat befindet. Sie erzeugt ein Beugungsdiagramm in der hinteren Brennebene und ein erstes vergrößertes Bild in der Zwischenbildebene. Ihre Daten bestimmen die Leistungsfähigkeit des Mikroskops. Die Einzelheiten werden im folgenden Abschnitt genauer beschrieben.
- die Zwischenlinsen und Projektivlinsen, die das vom Objektiv erzeugte Zwischenbild (oder das Beugungsdiagramm) vergrößern und in mehreren Schritten auf den Endbildschirm oder den Detektor am Ende der Elektronensäule abbilden.

3.3 Eine besondere Linse: Das Objektiv, seine optischen Eigenschaften, seine Linsenfehler und seine Leistungsfähigkeit

Die Objektivlinse ist das Herzstück des Elektronenmikroskops. Von ihrer Konzeption und der Präzision ihrer Fertigung hängt zum großen Teil die Qualität der Ergebnisse ab.

Sie hat eine kurze Brennweite zwischen etwa *1* und *3 mm* und erzeugt ein vergrößertes Bild des Objekts mit ca. 10–100facher Vergrößerung. Bei modernen Elektronenlinsen befindet sich das Präparat im starken Feld zwischen den Polschuhen. Abb. 16 zeigt einige Polschuhgeometrien sowie die in den neueren Mikroskopen übliche Probenposition.

Eine perfekte Linse würde einen Objektpunkt in einen Bildpunkt abbilden. Leider weist das Objektiv eines Elektronenmikroskops ähnlich wie eine Glaslinse einige Fehler auf. Diese sind so groß, dass die Auflösungsgrenze eines Elektronenmikroskops wesentlich größer als die Wellenlänge der einfallenden Elektronen ist. Daher müssen wir die Art und die Bedeutung der Linsenfehler der Objektivlinse genauer betrachten.

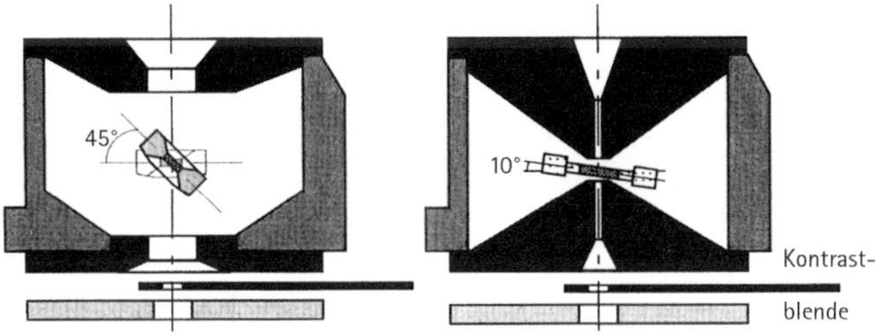

Abb. 16: Schemata heutiger Polschuhgeometrien (nach einer Topcon-Zeichnung).

Da sich das Elektron auch wie eine Welle verhält, wird die Auflösung analog wie in der Lichtoptik durch die Beugung an einer Öffnung mit endlicher Ausdehnung begrenzt. Die Objektivlinse liefert von einem punktförmigen Objekt ein Airy-Scheibchen, dessen Durchmesser bezogen auf das Objekt gleich $1{,}22\ \lambda/\alpha$ ist. Aufgrund der Proportionalität zur Wellenlänge arbeitet man mit Elektronen möglichst kurzer Wellenlänge, d.h. möglichst hoher Energie. Ebenso sollte der Halbwinkel der Objektivöffnung α so groß wie irgend möglich sein.

An dieser Stelle stoßen wir auf einen wesentlichen Unterschied zwischen Elektronenlinsen und den Linsen der Lichtoptik. Der Hauptgrund für die Begrenzung der Auflösung durch eine magnetische Linse besteht im *Öffnungsfehler* (sphärische Aberration). Dabei werden die Randstrahlen stärker fokussiert als die achsennahen Strahlen (s. Abb. 17).

O. Scherzer hat schon 1936 gezeigt, dass der Öffnungsfehler bei den üblichen rotationssymmetrischen Linsen unvermeidlich ist.

Stellen wir die Linse als eine dünne Linse dar und befindet sich das Objekt in O, dann werden die von diesem Objekt ausgehenden Strahlen durch eine Blende vor der Linse abgefangen und nur die Strahlen innerhalb des Öffnungswinkels α treten durch das Objektiv hindurch. Das ideale Bild entsteht in der Nähe der Ebene O', die konjugiert zur Ebene O ist, und hängt von der genauen Position des Beobachtungsschirms ab. Je nach dessen Lage sieht das Bild unterschiedlich aus. Selbst in der Ebene der besten Fokussierung (Ebene des Kreises kleinster Verwirrung) bleibt der Radius endlich und ist proportional zum Öffnungswinkel der

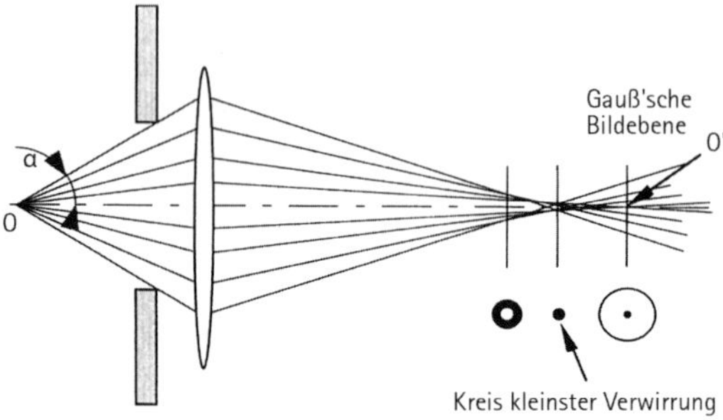

Abb. 17: Wirkung des Öffnungsfehlers.

Linse hoch drei. Bezogen auf die Objektebene ist dieser Radius des Öffnungsfehlerscheibchens gleich:

$$r_s = {}^1\!/_4 C_s \alpha^3 \qquad (6),$$

wobei C_s der Öffnungsfehlerkoeffizient ist. Eine genauere Betrachtung zeigt, dass er von der Brennweite abhängt und so klein wie irgend möglich sein sollte, um die beste Auflösung zu erreichen. Für ein C_s von *1 mm*, das typisch für ein modernes Mikroskop ist, wird bei einem Öffnungswinkel α von der Größenordnung 7,5 milliradian (*mrad*) der Radius des Öffnungsfehlerscheibchens ungefähr gleich *0,1 nm* sein. Für die Abbildung mit Auflösungen, die mit interatomaren Abständen vergleichbar sind, ist der Bereich der nutzbaren Öffnungswinkel deshalb auf kleiner als ein Hundertstel radian oder $0{,}5^\circ$ beschränkt.

Von den anderen Abbildungsfehlern, die für Objektivlinsen eine wichtige Rolle spielen, sind zu nennen:

- Der Farbfehler: Die Brennweite einer Linse und damit deren Brechkraft hängen quadratisch vom Magnetfeld B entlang der Achse und der relativistisch korrigierten Spannung U^* ab. Daher führt jede Abweichung von der Energie des einfallenden Elektronenstrahls durch eine Fluktuation δU der Beschleunigungsspannung, und jede Änderung des Stromes in den Linsenspulen, die durch Instabilitäten δI hervorgerufen wird, zu einer Abweichung der Elektronenbahn und zu einer Unschärfe in der Fokussierung. Man kann zeigen, dass sich der Bildfleck bezogen auf das Objekt nach

$$r_c = C_c\alpha(2(\delta I/I)^2 + (\delta U/U)^2)^{1/2} \qquad (7)$$

verhält, wobei C_c der Farbfehlerkoeffizient ist und α der Öffnungswinkel der Objektivlinse. Auch wenn die Stabilitäten der Linsenströme und der Beschleunigungsspannungen $\delta I/I$ bzw. $\delta U/U$ in modernen Geräten von der Größenordnung 10^{-6} sind, kann die Energiebreite des Emissionsstroms im Bereich der Kathode nicht vernachlässigt werden. Daher führen die Feldemissionskathoden im Vergleich zu thermischen Quellen zu einem um einen Faktor 3 bis 5 verringerten Farbfehler. Da die Objektivlinse auf die Bahnen nach Durchlaufen des Präparats wirkt, müssen wir die Vergrößerung der Energiebreite durch die Energieverluste der Elektronen (auf einige zehn *eV* für ein Präparat, das einige *100 nm* dick ist) berücksichtigen. Für dicke Proben wird daher das von den unelastisch gestreuten Elektronen erzeugte Bild in Bezug auf das elastische Bild stark defokussiert sein. Dadurch ergibt sich ein relativ flauer Untergrund, der den beobachtbaren Kontrast reduziert. R. Castaing und seine Mitarbeiter in Orsay haben schon vor mehr als 40 Jahren gezeigt, dass deshalb der Einbau eines abbildenden Energiefilters vorteilhaft ist. Derartige Filter sind jedoch erst seit etwa 20 Jahren auf dem Markt. Für alle quantitativen Arbeiten in der Elektronenmikroskopie ist die Energiefilterung der transmittierten Elektronen unverzichtbar. Darüber hinaus spielt sie in der analytischen Elektronenmikroskopie eine große Rolle, wie in Kap. 6 gezeigt wird.

- Der Astigmatismus: Er wird durch Abweichungen von der Rotationssymmetrie im Objektiv verursacht und führt zu einer Abhängigkeit der Brennweite von der azimutalen Richtung. Der Ursprung des Astigmatismus kann in Herstellungsfehlern oder magnetischen Inhomogenitäten des verwendeten magnetischen Materials liegen. Seine Größe hängt auch von einer Kontamination der Oberflächen und der Blenden ab. Anders als in den Anfangsjahren stellt er heute jedoch kein unüberwindliches Hindernis mehr dar, da man inzwischen Astigmatismuskorrektoren (Stigmatoren) in die Objektivlinsen einbaut. Deren Prinzip ist sehr einfach: Mit Hilfe von kleinen Spulen wird ein Feld erzeugt, das wie eine schwache Zylinderlinse wirkt. Ist deren azimutale Richtung einstellbar, so können die Fehler der Hauptlinse korrigiert werden.

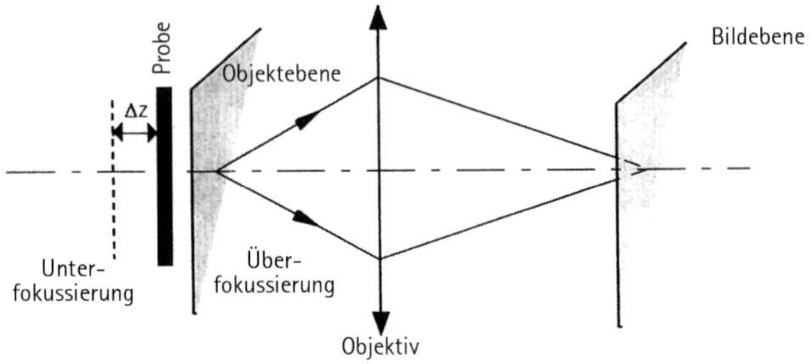

Abb. 18: Definition der Defokussierung.

- Andere Linsenfehler: Die anderen Linsenfehler wie Koma, Bildfeldwölbung und Verzeichnung treten nur in höherer Ordnung und bei Projektivlinsen auf.
- Defokussierung: Auch bei idealen Linsen kann man die *Defokussierung* als Linsenfehler betrachten. Sie ist definiert als Abstand Δz zwischen der Objektebene und der zur Bildebene konjugierten Ebene entlang der Mikroskopachse (Abb. 18).

Man sagt, dass das Objektiv in einem überfokussierten Modus arbeitet, wenn $\Delta z > 0$ ist, d.h. wenn die Gauß'sche Ebene zwischen dem Objekt und der Linse liegt, und in einem unterfokussierten Modus, wenn $\Delta z < 0$ ist, d.h. wenn die Gauß'sche Ebene außerhalb des Bereichs zwischen Präparat und Linse liegt. Durch die Wahl einer günstigen Defokussierung kann in der Elektronenmikroskopie der Öffnungsfehler teilweise kompensiert werden. Nach dem Gesetz

$$\Delta f/f = 2 \cdot \Delta I/I \qquad (8)$$

können wir die Brennweite durch eine Veränderung des Linsenstromes der Linse ändern.

Wenn die kleinsten relativen Änderungen des Stromes bei etwa $2\text{-}3 \cdot 10^{-6}$ liegen, so ergeben sich daraus Änderungen der Brennweiten Δf von etwa der Größenordnung $5 \cdot 10^{-6} f$, d.h. etwa $5\ nm$ für eine Linse mit einer Brennweite von $1\ mm$.

Anhand dieser Größen können wir die *Auflösungsgrenze* bestimmen, die durch die Objektivlinse festgelegt wird.

Eine erste Abschätzung erhalten wir durch Addition der verschiedenen Beiträge, die zur Vergrößerung des Bildes eines Punktobjektes führen. Wenn zwischen den verschiedenen Linsenfehlern keine Korrelation besteht, können wir sie quadratisch addieren. Selbstverständlich hängt die Ausdehnung des Bildes von der Fokussierung ab. Für optimale Bedingungen der geometrischen Optik, d. h. in der Ebene des Kreises der kleinsten Verwirrung von Abb. 17, ergibt sich die Bildpunktgröße durch die Terme der Beugung und des Öffnungsfehlers:

$$d_t^2 = (d_d^2 + d_s^2)^{1/2} = [(1,22 \cdot \lambda/\alpha)^2 + (1/2 C_s \alpha^3)^2]^{1/2} \qquad (9).$$

Für moderne Mikroskope mit stabilisierter Elektronik und einem monochromatischen Strahl und für die elastisch gestreuten Anteile ist der Beitrag des Farbfehlers sehr gering im Vergleich zu den beiden vorangegangenen Termen.

Aus Gleichung 9 oben folgt, dass ein optimaler Öffnungswinkel einen Kompromiss darstellt zwischen dem Einfluss der Beugung, die einen großen Winkel α erfordert, und dem Öffnungsfehler, der einen kleineren Öffnungswinkel erfordert. Man berechnet daraus

$$\alpha_{opt} = 1,14\ (\lambda/C_s)^{1/4}$$

und

$$d_{opt} = 0,43\ (C_s \lambda^3)^{1/4} \qquad (10).$$

Für ein sehr gutes modernes Mikroskop ($U_0 = 200\ kV$, $\lambda = 2,51\ pm$, $C_s = 0,4\ mm$) ergibt sich daraus

$$\alpha_{opt} = 10^{-2} rad,\ d_{opt} = 1,3\ nm.$$

Damit wird bestätigt, dass man für Öffnungswinkel von etwa $10^{-2}\ rad$ eine Auflösungsgrenze unterhalb von $0,2\ nm$ erreichen kann und damit den typischen Abstand zwischen zwei Atomen in einem Festkörper auflösen kann.

Eine andere, sehr nützliche Art zur Messung der Abbildungsgüte eines optischen Systems ist die Kontrastübertragungsfunktion, die in

Abb. 9 für ein Lichtmikroskop eingeführt wurde. Durch sie wird der Kontrast in einem Bild mit der Raumfrequenz ($\nu = 1/d$) verknüpft, wobei d die charakteristische Periode des Objekts ist. Bei der Einführung des Konzepts der Übertragungsfunktion haben wir das Bild von parallelen Linien mit einer Periodizität p beschrieben. Man versteht leicht, dass dieses Konzept auch auf zweidimensionale Bilder ausgedehnt werden kann. Es ist daher von besonderem Interesse, derartige Funktionen für Elektronenlinsen auszurechnen. Eine vollständige Abbildungstheorie hängt nicht nur von den Objektiveigenschaften ab, sondern auch von der Wechselwirkung zwischen dem Elektronenstrahl und der Probe. Für sehr dünne Präparate, sog. schwache Phasenobjekte, lässt sich die Kontrastübertragungsfunktion als

$$T(\nu) = -2sin\chi(\nu) \tag{11}$$

mit

$$\chi(\nu) = 2\pi(C_s\lambda^3\nu^4/4 + \Delta z\lambda\nu^2/2) \tag{12}$$

schreiben. Man erkennt darin die wesentlichen Parameter λ, C_s und Δz, die wir in der vorangegangenen Diskussion eingeführt haben. Abb. 19 zeigt die Phasenkontrastübertragungsfunktion für das bereits oben beschriebene Mikroskop.

Die Kontrastübertragungsfunktion oszilliert zwischen positiven und negativen Werten und hat Nullstellen. Daher sind für verschiedene Abstände die Objekte (Atome oder Atomsäulen parallel zum Strahl) nicht sichtbar oder sie erscheinen mit umgekehrtem Kontrast (helle und dunkle Punkte). Diese Kurven hängen natürlich von der Defokussierung ab. Die in Abb. 19 dargestellte Defokussierung entspricht in unserem Beispiel dem sog. Scherzer-Fokus ($\Delta z = \sqrt{C_s\lambda} = 42\ nm$), für den man das größte Übertragungsband mit konstantem Kontrast erhält. Für diesen Fall erhält man die optimale Auflösungsgrenze, die der ersten Nullstelle der Übertragungsfunktion entspricht. Für größere Defokussierungen kommt es zu häufiger Kontrastumkehr. In Wirklichkeit muss man jedoch noch den Farbfehler berücksichtigen. Er führt zu einer einhüllenden Kurve für die bisher diskutierte Funktion und verringert damit den Kontrast, teilweise selbst schon vor der ersten Nullstelle (s. Abb. 19b). Für den Vergleich der Eigenschaften verschie-

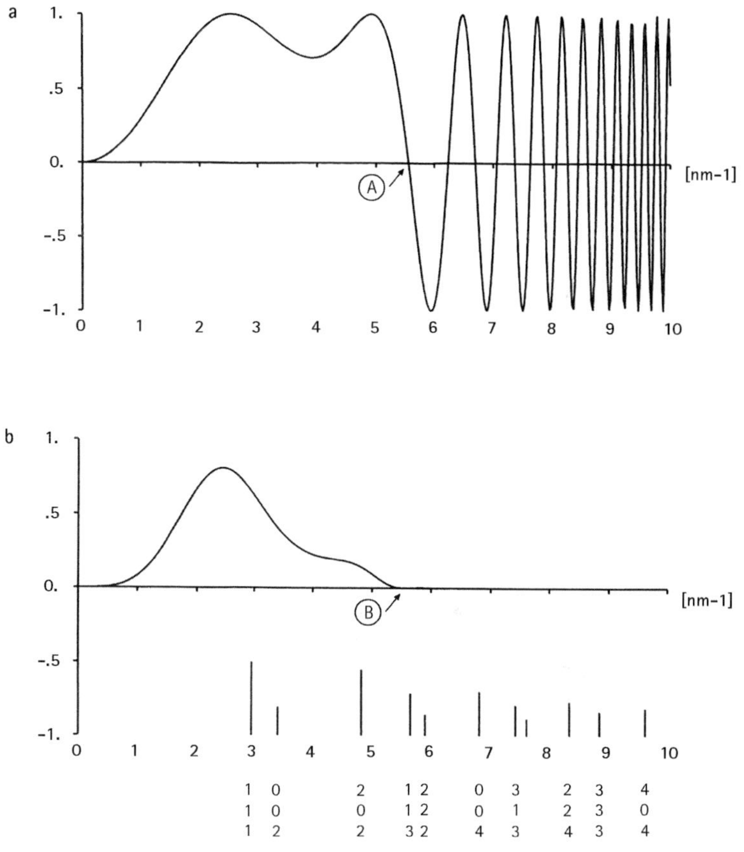

Abb. 19: Übertragungsfunktion für ein Hochauflösungs-Elektronenmikroskop im Scherzer-Fokus

a) für kohärente Beleuchtung

b) unter Berücksichtigung der räumlichen und zeitlichen Kohärenz. Die Kurven wurden für ein Topcon 002B-Mikroskop bei *200 kV* mit einer Öffnungsfehlerkonstante von *0,4 mm* berechnet. Auf der Abszisse von (b) sind die Netzebenenabstände für die am dichtesten gepackten Ebenen von InP gezeigt.

dener Mikroskope ist die Kenntnis dieser Übertragungsfunktion ein wichtiges Kriterium, das genauere Aussagen erlaubt als nur die Kenntnis des Wertes d_{opt} aus Gleichung 10.

An dieser Stelle fragt man sich, ob es denn keine Möglichkeit gibt, den Öffnungsfehler zu beeinflussen. Da er für konventionelle Rundlinsen unvermeidlich ist, hat man schon früh über Möglichkeiten seiner Korrektur nachgedacht. Ein solcher *Korrektor* behebt den Öffnungsfehler ähnlich wie eine Brille die Fehlsichtigkeit des Auges. Erste Experimente dazu wurden schon in den 1950er-Jahren unternommen. Erst in den 1990er-Jahren gelang Harald Rose (Darmstadt) und Max Haider (Heidelberg) mit einer Anordnung aus zwei Sextupolen und mehreren Rundlinsen der Durchbruch. Inzwischen werden derartige Korrektoren bei der Firma CEOS in Heidelberg serienmäßig hergestellt. Damit lässt sich die Auflösungsgrenze auf unter *0,1 nm* senken.

3.4 Elektronendetektoren

Die in der Elektronenmikroskopie verwendeten Detektortypen hängen vom Instrumententyp ab, entsprechend der Unterscheidung am Ende des Kapitels 2 (Transmission oder Reflexion, konventionell oder Raster).

- Die Wechselwirkung des einfallenden Elektronenstrahls mit dem Objekt führt zu einer ganzen Abfolge von Ereignissen. Nutzbare Signale können daher in sehr verschiedenen Formen auftreten. In der Transmissionselektronenmikroskopie bewegt sich der Elektronenstrahl nach Durchlaufen des Präparats im Wesentlichen in Einfallsrichtung und seine Energie unterscheidet sich nur wenig von der Einfallsenergie. Demzufolge benötigt man Detektoren zur Messung von Elektronen mit sehr hoher Energie (nahe der Einfallsenergie, also zwischen etwa *100 keV* und *1 MeV*). In einem Rasterelektronenmikroskop jedoch, mit dem wir die Oberfläche eines massiven Objekts untersuchen wollen, werden die Elektronen von der Oberfläche in einer breiten Energieverteilung emittiert (s. auch Abb. 39, S. 85). Die sog. Rückstreuelektronen besitzen eine Energie in der Nähe der Einfallsenergie (d. h. zwischen einigen *keV* und einigen zehn *keV*). Bei einer ganzen Abfolge von Streuprozessen, die zu einer fast vollständigen Abbremsung der einfallenden Elektronen im Präparat führen, entstehen die sog. Sekundärelektronen. Sie stammen von der Gesamtheit der Elektronen des Festkörpers und werden mit einer sehr geringen kinetischen Energie (von einigen *eV*) emittiert. Die Detektoren für Rastermikroskope müssen demzufolge so gebaut sein, dass sie sowohl Elektronen mit hoher als auch niedriger Energie nachweisen können.

Oft ist es nützlich, zusätzlich zur Messung des Elektronenstroms die Funktion „Energiediskriminierung" hinzuzufügen, um zu analysieren oder zu filtern. Dies ist Aufgabe der Spektrometer, die entweder als Analysatoren oder als Filter arbeiten und zwischen der Austrittsebene des Präparats und dem Detektor eingefügt werden. Wir werden später noch über ihren Aufbau und ihre Funktion sprechen. Darüber hinaus gibt es noch weitere Signale, die durch die Wechselwirkung zwischen Elektron und Präparat entstehen: Das Licht oder die erzeugten Photonen als Folge von elektronischen Übergängen im Innern des Festkörpers, durch die ein Teil der durch den Einfallsstrahl dort deponierten Energie wieder abgegeben wird. Die Wellenlänge dieser Photonen überstreicht einen Spektralbereich zwischen dem sichtbaren Licht bis hin zum Röntgenbereich. Für analytische Zwecke ist es daher nützlich, auch diese Photonen nachzuweisen und evtl. auch ihre Energie zu messen.

- Bei konventionellen Abbildungen gibt es eine direkte Beziehung zwischen jedem Objektpunkt und einem dazu äquivalenten Punkt auf dem Detektor. Der Detektor muss demzufolge eine zweidimensionale (2D) Ortsauflösung aufweisen. Im Gegensatz dazu wird im Rastermodus die räumliche Information über die Probe durch die sequenzielle Ablenkung des Strahls auf einen Punkt (x,y) realisiert. In diesem Fall genügt ein einfacher Detektor ohne Ortsauflösung (0D).

Um diesen unterschiedlichen Kriterien zu genügen, werden verschiedene Detektoren benutzt. In jedem Fall muss jedoch die Energie des Teilchens auf das Detektormaterial übertragen werden: beispielsweise durch die Erzeugung von Elektron-Loch-Paaren in einem Halbleiter und der Messung des damit zusammenhängenden Stroms, durch die Emission von Photonen in einem lumineszierenden Material, durch Erhöhung der Temperatur oder durch eine chemische Reaktion.

In der Praxis werden zur Aufzeichnung von Bildern oder Signalen am häufigsten die folgenden Detektoren verwendet:

a) *für die Transmissionselektronenmikroskopie*
- Der Beobachtungsleuchtschirm unterhalb der Säule besteht aus einer Platte, die mit einem phosphoreszierenden Pulver beschichtet ist und bei Bestrahlung mit Elektronen Licht im gelbgrünen Bereich emittiert. Der Experimentator beobachtet dieses Licht entweder direkt mit dem Auge oder mit Hilfe eines Binokulars durch ein Bleiglasfenster, das dick genug ist, um die erzeugte Röntgenstrahlung zu absorbieren.
- Die Fotoplatte ist seit vielen Jahrzehnten der am häufigsten benutzte Detektor. Ein einziges *100 keV*-Elektron genügt, um ein latentes Bild zu erzeugen (Ansammlung von einigen Silberatomen in Silberbromidkristallen, die in einen Gelatinefilm eingelagert sind), das der Entwickler später in ein Silberkorn verwandelt. Die behandelte Emulsion ist je nach Intensität der angewandten Einfallsstrahlung mehr oder weniger durchsichtig. In einem Bereich von 10^{-11} C/cm^2 bis 10^{-10} C/cm^2 ist die Schwärzung des Films (oder seine optische Dichte) proportional zum Elektronenstrom. Der Hauptvorteil der Aufzeichnung mit Fotoplatten besteht in ihrer großen Speicherdichte. Wenn man die Auflösung der Emulsion zu etwa $50\,\mu m$ abschätzt, ergeben sich für einen Film 6×9 *cm* mehrere Millionen verschiedener Bildpunkte (oder Pixel). Im Gegensatz dazu umfasst der dynamische Bereich von messbaren Intensitäten, also das Verhältnis zwischen den sehr schwachen Dosen, die nur Rauschen erzeugen, und den starken Dosen, die zur Sättigung führen, nicht mehr als 2 bis 3 Größenordnungen. Dies erschwert ihre Verwendung für quantitative Zwecke. Benötigt man quantitative Informationen, so muss das entwickelte und fixierte Bild *a posteriori* mit Hilfe eines Mikrodensitometers oder einer TV-Kamera aufgezeichnet und digitalisiert werden.
- In den letzten Jahren wurden große Anstrengungen unternommen, um die Mikroskope mit neuen Detektionsmöglichkeiten auszustatten, die quantitativ arbeiten und zur Speicherung und numerischen Bearbeitung der Daten möglichst direkt an einen Rechner angeschlossen werden können. Bringt man die Eintrittsebene einer

TV-Kamera auf die Rückseite eines Szintillators, der als Elektron-Photon-Konverter fungiert, so kann man schon einen gewissen Erfolg erzielen. In einigen Fällen wurden zur Steigerung der Empfindlichkeit ein oder mehrere Bildverstärker zwischengeschaltet. Damit konnte in Extremfällen der Nachweis von einzelnen Elektronen erreicht werden.

- Der neueste Trend geht jedoch dahin, Anordnungen von Halbleiterdetektoren zu nutzen, die mit moderner Technologie mit 1024 x 1024, 2048 x 2048 oder 4096 x 4096 Pixeln (Bildpunkten) hergestellt werden können, wobei der Abstand zwischen den Zentren der Einzelpunkte etwa $20\,\mu m$ beträgt (s. Abb. 20a). Dabei handelt es sich um Fotodioden, die mit Potenzialtöpfen verknüpft sind, um die erzeugte Ladung zu speichern.

In der Praxis erlaubt das in Abb. 20b dargestellte System mit indirekter Kopplung (Yttrium-Aluminum-Granat(YAG)-Szintillator, Kopplung durch eine Faseroptik, Peltier-gekühlte Dioden-Arrays) das Auslesen mehrerer 1024 x 1024 Bilder pro Sekunde mit einer Empfindlichkeit von etwa 5 e^-/Pixel, einem dynamischen Bereich von 5000 und einer

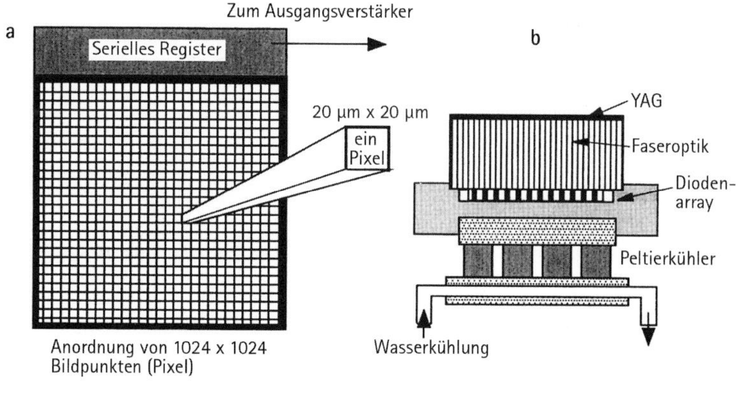

Abb. 20: a) Aufbau eines zweidimensionalen Halbleiterdetektors und b) Aufbau einer CCD-Kamera für ein TEM (nach einer Gatan-Broschüre).

Auflösung von der Größenordnung $50\,\mu m$. Dies ist für die quantitative Aufzeichnung von Bildern und Beugungsdiagrammen sehr gut geeignet. Das Zusammenspiel zwischen dem Mikroskop und dem Rechner ist inzwischen so effizient geworden, dass dem Rechner mit einem solchen Bilderfassungssystem auch die Funktionen der Fokussierung und Justierung des Mikroskops überlassen werden können. Alle mathematischen Funktionen zur Kontrolle der Qualität des Bildes als Funktion der verschiedenen Parameter (Objektivlinsenstrom oder Astigmatismuskorrektur) können daher inzwischen in „real-time" durchgeführt werden.

b) *für die Rastermikroskopie*
Derzeit werden zwei Arten von Detektoren benutzt:
- Szintillator-Photomultipliersysteme und
- Halbleiterdetektoren.

Mit der ersten Art kann der dynamische Bereich im Analogmodus bis hin zu 10^8 e^-/s ausgedehnt werden. Für Halbleiterdetektoren spricht die Nachweisempfindlichkeit bei niedrigen Strömen und die Einfachheit bei der Herstellung verschiedener Geometrien.

In beiden Fällen wird das vom Detektor erzeugte Signal sofort in ein digitales Signal umgewandelt und an den Rechner weitergeleitet. Schon durch sein Funktionsprinzip ist jedes Rastermikroskop (egal, ob in Reflexion oder in Transmission) bestens zur Digitalisierung der Daten geeignet, weil es die Messung der Daten von einem oder mehreren Detektoren als Funktion der Zeit erlaubt.

3.5 Die Säule eines Transmissionselektronenmikroskops

Inzwischen haben wir alle Bestandteile eines Elektronenmikroskops beschrieben: die Elektronenquelle, die magnetischen Linsen, von denen das Objektiv die Leistungsfähigkeit des Geräts bestimmt, und das Beobachtungs- und Aufzeichnungssystem für die Bilder. Abb. 21 zeigt einen Schnitt durch ein Mikroskop, in dem alle Bestandteile so angeordnet sind, dass sie eine vakuumdichte Säule bilden und mechanisch stabil sind. Aber das wichtigste bleibt noch zu tun: das Einführen des Präparats an der richtigen Stelle in diesem Aufbau.

Diese Stelle liegt meist etwa in der Mitte des Polschuhspalts. Das Präparat, das als dünne Schicht hergestellt wurde, ist im Inneren einer Scheibe oder auf einem Netzchen mit *3 mm* Durchmesser aufgebracht. Dies entspricht einem Standard für alle derzeit auf dem Markt befind-

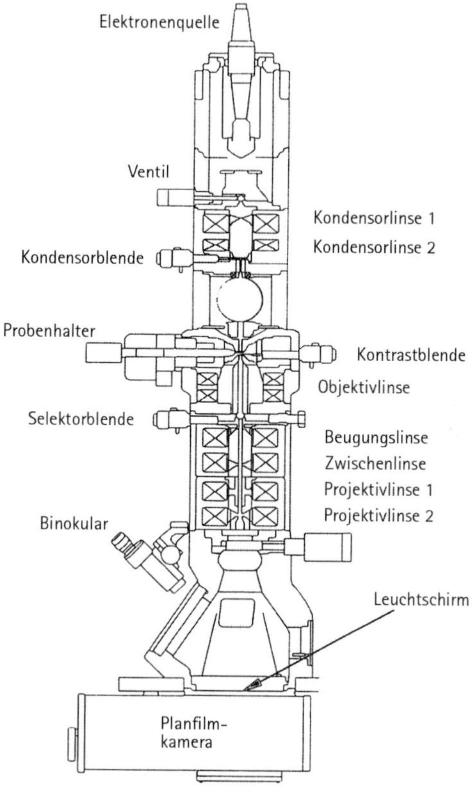

Abb. 21: Schnitt durch die Säule eines Transmissionselektronenmikroskops (nach Jeol).

lichen Mikroskope. Das Hauptproblem besteht darin, im Inneren eines sehr kleinen Volumens alle mechanischen Bewegungen des Objekts zu ermöglichen (horizontale Verschiebung, evtl. vertikale Verschiebungen und Kippen in Bezug auf die Einfallsrichtung der Elektronen). Dieses Volumen ist umso kleiner, je kürzer die Brennweite und je kleiner der Öffnungsfehlerkoeffizient der Objektivlinse ist.

Nun muss die Probe von außen in diesen kleinen Bereich eingeführt werden. Das Vakuum dort muss so gut wie möglich sein, damit das sehr saubere Präparat nicht kontaminiert wird und die zu beobachtenden Zonen nicht von organischen Molekülen außerhalb des Präparates bedeckt werden. Diesem Einführen dient eine Schleuse mit einem unabhängigen Pumpsystem.

Für das Einbringen der Probe zu seinem Beobachtungspunkt werden zwei verschiedene Geometrien benutzt: Bei einem Einführen entlang der Mikroskopachse spricht man von *Top-entry*-Probenhaltern. Erfolgt die Einführung der Probe senkrecht zur Mikroskopachse, spricht man von *Side-entry*-Probenhaltern. Heutzutage wird die zweite Lösung bevorzugt, weil sie auf einfachere Weise Verschiebungen und Kippungen der Proben ermöglicht. Abb. 22 zeigt den Aufbau eines derartigen Probenhalters. Die Probe befindet sich am Ende eines Stabes, der im Wesentlichen zylindrisch ist. Die Kippung der Probenebene entlang dieser Achse ist leicht zu verwirklichen. Die lateralen Verschiebungen in x und y über etwa *2* bis *3 mm* können mit Hilfe einer Anordnung von Bälgen, Federn und Gelenken erfolgen. Die Kippung um die Achse senkrecht zum Probenstab erfordert ein kompliziertes feinmechanisches System, das in den Probenhalter eingebaut ist.

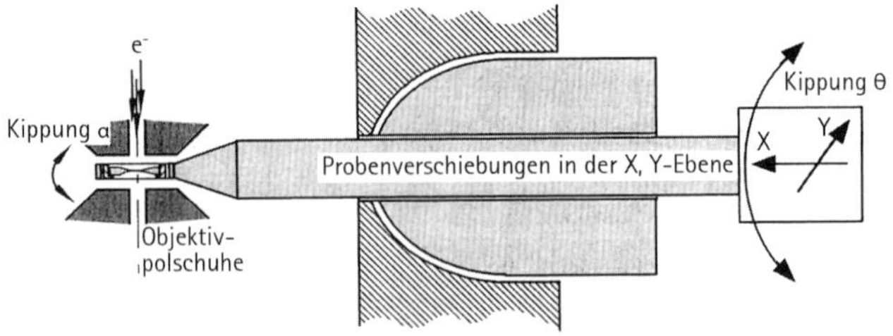

Abb. 22: Probenhalter für ein Transmissionselektronenmikroskop.

Will man die Probe bei Vergrößerungen von einigen 100.000fach unter Hochauflösungsbedingungen betrachten, so muss die mechanische Stabilität strengen Kriterien genügen, damit Schwingungen und zufällige Verschiebungen ein tolerierbares Maß nicht überschreiten. Dies erfordert eine feste Kopplung zwischen Probe und Säule. Darüber hinaus muss die Säule von allen von außen kommenden Störungen entkoppelt werden, um die Auswirkungen von äußeren Schwingungen zu reduzieren. Oft muss man nach der besten Orientierung der Probe in Bezug auf die Strahlachse suchen, um die Beobachtung eines Details oder eines bestimmten Defekts zu ermöglichen. Dazu dient ein Goniometer, das möglichst euzentrisch ist und in dem die Kippachse durch den Mittelpunkt der beobachteten Punkte des Probenbereichs verläuft.

Daraus ergibt sich eine perfektionierte mechanische Anordnung, mit der der Mikroskopiker schnell alle Koordinaten und Beobachtungsbedingungen wiederfinden kann. Die Reproduzierbarkeit der Bewegungen wird dadurch gewährleistet, dass die Bedingungen der dafür verantwortlichen Motoren in einem Rechner gespeichert werden und direkt wieder aufgerufen werden können.

Das Anbringen der Probe am Ende eines Probenhalters hat noch weitere Vorteile. Insbesondere ist es bei dieser Anordnung relativ einfach, in der Nähe des beobachtbaren Probenbereichs verschiedene Systeme z. B. zur Kühlung, Heizung oder Zugverformung anzubringen, die die Beobachtung des Verhaltens eines Präparats unter variabler Temperatur oder unter äußeren Zwängen ermöglichen. Diese Möglichkeiten machen das Elektronenmikroskop zu einem Minilabor, in dem man nicht nur auf einer Nanometer- oder Mikrometerskala beobachten, sondern auch gezielt einwirken und damit auch neuartige Experimente durchführen kann.

3.6 Die Säule eines Rasterelektronenmikroskops

Der Aufbau eines Rasterelektronenmikroskops unterscheidet sich in einigen Punkten vom Aufbau konventioneller Mikroskope. Die elektronenoptische Säule hat nur Kondensor- und Objektivlinsen, die sich zwischen der Elektronenquelle und der Probe befinden (s. Abb. 23), und ist damit kürzer und einfacher aufgebaut. Zwischen den beiden

Linsen befindet sich ein aus Spulen bestehendes Ablenksystem. Es dient der Ablenkung des Strahlflecks auf der Oberfläche der Probe, entweder dem Fernsehstandard (TV-rate) folgend oder auch langsamer (slow-scan).

Anders als beim Transmissionselektronenmikroskop befindet sich die Probe im Allgemeinen außerhalb der Polschuhe der letzten Linse, deren Rolle darin besteht, den Strahl im Abstand von einigen Millimetern bis hin zu einigen Zentimetern nach dem letzten Polschuh zu fokussieren.

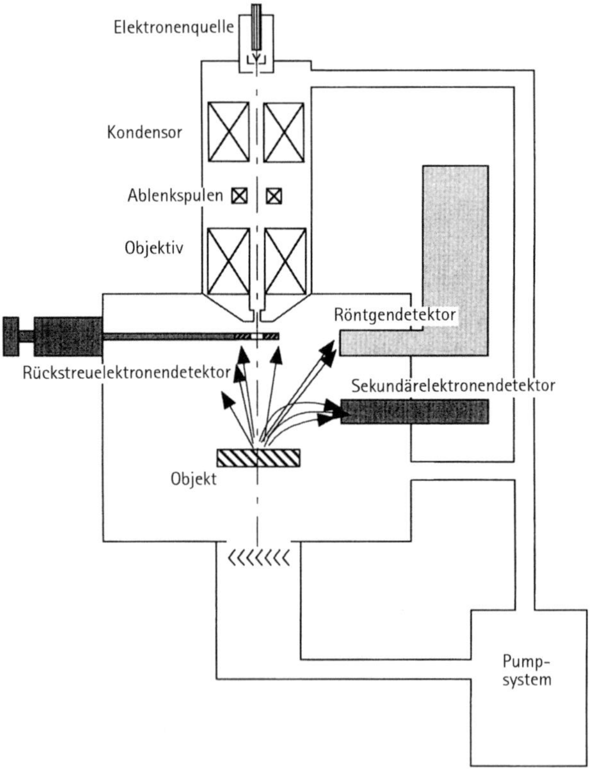

Abb. 23: Aufbau eines Rasterelektronenmikroskops (nach JEOL).

Demzufolge ist es relativ einfach, goniometrische Probenhalter auch für große Proben von einigen Zentimetern zu konstruieren, die große horizontale Verschiebungen, vertikale Verschiebungen und Kippungen erlauben und damit eine dreidimensionale Untersuchung der Topographie ermöglichen.

Der Rückstreu- oder Sekundärelektronendetektor ist in der Probenkammer mit Blick auf die zu untersuchende Oberfläche angebracht. Ersterer besteht meist aus einem oder mehreren Halbleiterkristallen unterhalb des Polschuhs des Objektivs, Letzterer wird seitlich eingeführt. An seinem Eintrittsgitter liegt eine positive Absaugspannung, um möglichst viele Sekundärelektronen auf die Eintrittsfläche eines Szintillators hin zu beschleunigen (vgl. Abb. 24).

Das Bild wird auf einem oder mehreren Monitoren dargestellt, deren Ablenkung mit der Rasterung des Flecks auf der Probe synchronisiert ist. Die Helligkeit eines Bildpunkts wird durch die Intensität der verschiedenen aufgezeichneten Signale gesteuert. Da zur Erzeugung des Bildes die aufgezeichneten Signale ohnehin elektronisch verarbeitet werden müssen, kann das Bildsignal an dieser Stelle auf einfache Weise sowohl analog als auch digital verändert werden.

Beispielsweise kann man sehr leicht den Kontrast eines Bildes verändern, indem man das Nullniveau verändert oder mit der Intensitätsskala spielt (linear, logarithmisch ...), sie umkehrt, sie dehnt etc. Alle diese Möglichkeiten erlauben nicht nur eine Optimierung der visuellen Wahr-

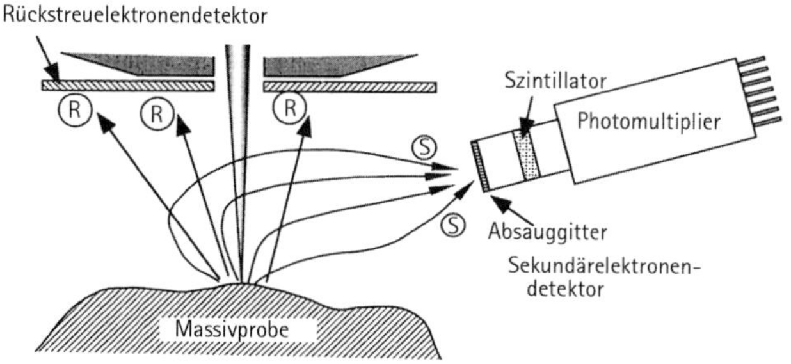

Abb. 24: Detektoren zum Nachweis von Sekundär- und Rückstreuelektronen im Rasterelektronenmikroskop.

nehmung des Signals oder der Signale, sondern auch die Anwendung komplizierter Filterprozesse oder die Mischung von verschiedenen Signalen, um eine bessere Darstellung der erzeugten Informationen zu erreichen.

Kapitel 4 Die Proben für die Elektronenmikroskopie

Angesichts der unterschiedlichen zu untersuchenden Materialien, der unterschiedlichen Fragestellungen, der verschiedenen benutzten Methoden muss auch die Probenpräparation sehr unterschiedliche Wege beschreiten. Zunächst werden wir die allgemeinen Bedingungen diskutieren. Danach beschreiben wir eine Auswahl von Techniken, die für die Präparation von organischen oder anorganischen Substanzen geeignet sind.

4.1 Allgemeine Anforderungen

Unabhängig von der Art des benutzten Mikroskops findet die Beobachtung im Vakuum und unter Elektronenbestrahlung statt. Daraus ergeben sich bereits zwei Bedingungen:

- Die Morphologie und die Struktur müssen erhalten bleiben, damit die Beobachtung nützliche Informationen liefert.
- Die Probe darf keine irreversiblen Änderungen unter dem einfallenden Elektronenstrahl erfahren. Das bedeutet insbesondere, dass keine Einflüsse der elektrischen Oberflächenladung auftreten dürfen und dass die Strahlenschäden im Material selbst begrenzt werden müssen.

Je nach Gerät interessiert man sich entweder für die Oberfläche von massiven Proben (in Rasterelektronenmikroskopen) oder für dünne Schichten (in Transmissionselektronenmikroskopen). Der Bereich der Signalentstehung hängt sowohl von den Parametern des Einfallstrahls (Beschleunigungsspannung, laterale Ausdehnung ...), als auch von den Wechselwirkungsmechanismen zwischen den Elektronen und dem Untersuchungsmaterial ab. Auf diese Aspekte werden wir im nächsten Kapitel genauer eingehen.

In der Reflexionsgeometrie stammen die das Signal tragenden Elektronen aus einer Dicke von etwa *1 nm* (für die Sekundärelektronen) bis zu einigen Hundert oder Tausend Nanometern (für die rückgestreuten Elektronen). Im Gegensatz dazu ist die Transmissionsgeometrie besonders gut geeignet, die inneren Eigenschaften der Probe mit sehr hoher Ortsauflösung zu untersuchen. Die Proben müssen daher so dünn sein, dass die transmittierten Elektronen nur wenige Streuprozesse erfahren. Dadurch wird erreicht, dass der transmittierte Strahl weitgehend kollimiert bleibt, nur eine geringe Erhöhung der Energiebreite eintritt und damit auf dem Endbildschirm oder dem Detektor ein gutes Endbild entsteht. Es gibt kein einfaches Kriterium zur Festlegung einer maximalen Dicke, da dies von der gesuchten Information und der Auflösung abhängt. Im Allgemeinen sagt man, dass die maximale Dicke für *100* oder *200 keV* Elektronen bei einigen Zehn bis zu einigen Hundert Nanometern liegt. Für höherenergetische Elektronen ist die Transmission größer und man kann auch von Proben mit einer Dicke von etwa 1 μm gute Bilder erhalten. Dies war der Vorteil der *1,2-* und *3-MV*-Mikroskope in Toulouse.

Insgesamt erfordert die Untersuchung mit einem Rasterelektronenmikroskop eine saubere Oberfläche, deren Struktur während der Präparation erhalten bleibt und möglichst unempfindlich auf Ladungen reagiert. Im Gegensatz dazu erfordert das Transmissionselektronenmikroskop Proben, die in Form von dünnen Schichten präpariert und wenig strahlempfindlich sind.

Bei großen Vergrößerungen erfordert der Vergleich der im Elektronenmikroskop untersuchten Bereiche mit der Gesamtgröße der zu untersuchenden Materie eine zusätzliche Überlegung. Nehmen wir beispielsweise für ein Transmissionselektronenmikroskop an, dass wir auf einem Bild von $10 \times 10\ cm$ eine $50\ nm$ dicke Probe mit einer 100.000fachen Vergrößerung untersuchen. Diesem entspricht eine Materie mit einem Gesamtvolumen von $V = 50 \cdot 10^3 \cdot 10^3\ nm^3 = 5 \cdot 10^7\ nm^3$. Dies entspricht etwa $5 \cdot 10^9$ Atomen.

Im Vergleich dazu enthält $1\ mm^3$ von Materie etwa 10^{20} Atome. Man benötigt daher mehr als 10^{10} Bilder dieser Art, um eine Probe von $1\ mm^3$ systematisch zu untersuchen. Dies ist völlig unrealistisch: Ein erfahrener Elektronenmikroskopiker macht ca. 50–100 gute Bilder an einem Tag! Es ist auch völlig überflüssig, eine solche Untersuchung durchzuführen. Umgekehrt kann man auch sagen, dass man mit allen Elektronenmikroskopen, die je existiert haben, noch nicht einmal ein Volumen von der Größenordnung eines mm^3 untersucht hat.

Daraus kann man die Bedeutung der Probennahme erkennen. Es ist wichtig, während einer Untersuchung im Elektronenmikroskop die wesentlichen Zonen eines Präparats schnell zu finden und zu identifizieren. Diese Aufgabe wird durch die Möglichkeiten, sich die ausgesuchten Bereiche im Zoom anzuschauen, erleichtert. Zunächst einmal arbeitet man bei einer Vergrößerung von einigen 10- bis einigen 100fach, um eine allgemeine Übersicht zu bekommen und darin die interessanten dünnen Bereiche zu finden. Danach wird die Vergrößerung bis zu einigen 100.000fach erhöht, um diese interessanten Bereiche bei hoher Auflösung zu betrachten.

4.2 Die Präparation anorganischer Proben für die Transmissionselektronenmikroskopie

Zur Herstellung dünner Proben für die Transmissionselektronenmikroskopie wurden verschiedene Verfahren vorgeschlagen und benutzt. Ihre Anwendungsbereiche hängen im Wesentlichen von der chemischen Zusammensetzung der massiven Probe und von der mehr oder weniger lokalen Art der gesuchten Information ab. Die erfolgreiche, gute Präparation einer Probe ist entscheidend, wenn die Beobachtung neue Informationen liefern soll. Man sollte daher diesen Aspekt der Arbeit eines Mikroskopikers, die häufig viel mehr Zeit in Anspruch nimmt als die eigentliche Beobachtung im Mikroskop, nicht unterschätzen.

Allgemein gesprochen gibt es zwei Möglichkeiten, um dünne Proben herzustellen:

- Ausgehend von einem Massivmaterial wird dieses, vorzugsweise in den interessanten Bereichen, gedünnt.
- Die Probe wächst langsam auf einem Trägersubstrat auf, wird davon abgelöst und anschließend auf ein Netzchen aufgebracht.

In einigen Sonderfällen genügt es, das Material zu zermörsern, zu schneiden oder es in einer Flüssigkeit aufzulösen und es dann auf einen ultradünnen Träger aufzubringen. Dieser universell nutzbare Träger besteht aus einem Kupfernetzchen, das von einem dünnen Kohlenstofflochfilm bedeckt ist. Durch die Oberflächenspannung werden viele Proben am Lochrand festgehalten und ragen in das Loch hinein. Diese Kohlenstofflochfolien, die man inzwischen auch im Handel erhalten kann, werden durch Vakuumverdampfung von Kohlenstoff hergestellt. Dafür gibt es sehr unterschiedliche Möglichkeiten, die in einschlägigen Büchern detailliert beschrieben werden. Beispielsweise kann Kohlenstoff auf ein Kochsalzsubstrat aufgedampft werden. Das Substrat wird dann durch Eintauchen in eine Flüssigkeit davon abgelöst.

Inzwischen gibt es auch viele Verfahren, um Substanzen auf einem Trägersubstrat kontrolliert aufwachsen zu lassen. Das Material wird ausgehend von Massivmaterial entweder durch elektrisches Aufheizen oder durch Elektronenbeschuss verdampft. Es wächst dann langsam auf einem Substrat auf. Durch die Halbleiterindustrie haben insbesondere die Molekularstrahlepitaxieverfahren einen neuen Aufschwung erhalten, die für die Herstellung von komplizierten Systemen notwendig sind, deren chemische Zusammensetzung sich im Laufe des Wachstums kontinuierlich von Atomlage zu Atomlage ändern kann.

Die Herstellung mehrerer *μm* großer, weniger als *100 nm* dicker Probenbereiche erfordert meist die Anwendung von speziellen Dünnungstechniken. Dazu muss zunächst eine dünne Scheibe von *3 mm* Durchmesser entnommen und diese mit mechanischen oder mit chemischen Verfahren vorgedünnt werden. Die letzten Schritte zur Dünnung müs-

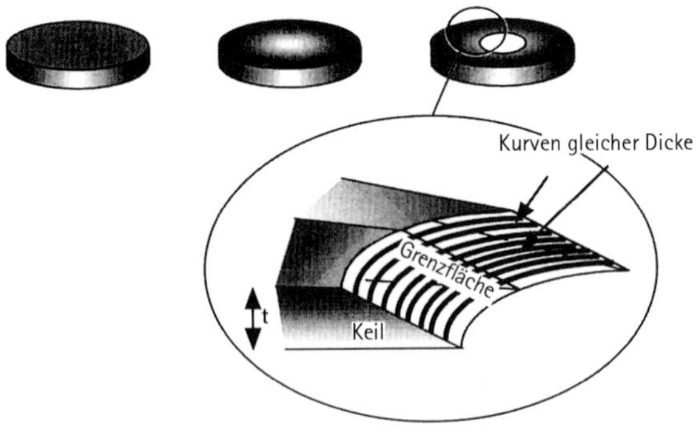

Abb. 25: Die Schritte zur Dünnung einer anorganischen Probe, um die interessanten Bereiche im Transmissionselektronenmikroskop am Rand eines Loches beobachten zu können.

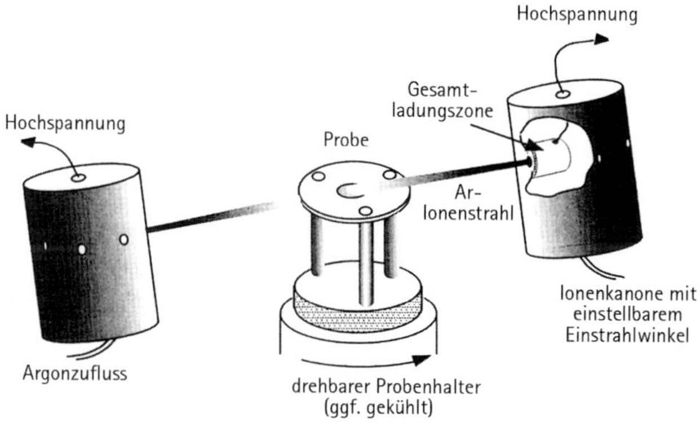

Abb. 26: Schema einer Ionendünnungsanlage (Gatan-Duomill).

sen sehr genau kontrolliert werden, um große, sehr dünne Bereiche in der Nähe eines Loches zu erreichen (s. Abb. 25).

Hierzu gibt es verschiedene Möglichkeiten:

- Die elektrolytische Dünnung ist für Metalle und Legierungen sehr gut geeignet.
- Die chemische Dünnung (langsames Auflösen, z.B. durch eine Säure) wird für Halbleiter benutzt.
- Bei der Ionenstrahlätzung wird die Probenoberfläche langsam mit Hilfe eines Ionenstrahls abgetragen. Diese Technik ist in den letzten Jahren sehr beliebt geworden, weil sie für praktisch alle Probenmaterialien benutzt werden kann. Abb. 26 zeigt das Prinzip einer Ionenstrahlätzanlage, die mit zwei Ionenkanonen ausgerüstet ist. Übrigens kann man mit fokussierten Ionen diese Technik auch benutzen, um Proben an einer ganz bestimmten Stelle zu dünnen. Dieses Verfahren ist insbesondere für die Herstellung von transversalen Schnitten geeignet, d.h. zur Herstellung von Proben, in denen die zu untersuchenden Grenzflächen parallel zum Strahl orientiert und in den dünnen Zonen am Probenrand sichtbar sind. Sie gehorchen also den Bedingungen, die unter der Lupe in Abb. 25 dargestellt sind.
- Schließlich ist die mechanische Politur auf einem Tripodsystem zu nennen. Dafür muss man jedoch ein echter Künstler sein, um eine

sehr vorsichtige Dünnung mit sehr kleinen Keilwinkeln am Rand einer Schicht zu erreichen.

4.3 Präparationstechniken für organische Proben

Unabhängig davon, ob die Untersuchung in Transmission oder in Reflexion erfolgen soll, weisen organische Proben besondere Eigenschaften auf, die mit ihrer starken Verformbarkeit zusammenhängen. Die Schäden, die in einem biologischen Gewebe mit seinem hohen Wasseranteil im Vakuum der Probenkammer eines Elektronenmikroskops entstehen können, kann man sich leicht vorstellen. Die Hoffnungen, lebende Zellen zu sehen, haben sich seit langem zerschlagen. Damit wurden die dunklen Vorhersagen von Gabor bestätigt, bevor man überhaupt über die schädliche Rolle des Elektronenstrahls sprach. Die Situation ist jedoch nicht völlig hoffnungslos. Mit Hilfe von zahlreichen Tricks ist es den Biologen in den vergangenen Jahrzehnten gelungen, die Ultrastruktur von Gewebe und Zellen abzubilden und in einem weitergehenden Schritt die Morphologie von individuellen Molekülen wie Proteinen und Nukleinsäuren zu beobachten. Wie waren diese Erfolge möglich? Hauptsächlich durch den Erfindungsreichtum der Forscher, denen die Entwicklung einer Reihe von Verfahrensschritten gelungen ist, unter denen das Präparat erhalten bleibt. Diese Schritte beginnen bei der Probenentnahme vom Untersuchungsobjekt, wobei es sich häufig um die Labormaus oder um *in vitro* Zellkulturen, aber auch um einen menschlichen Patienten handeln kann, und reichen bis zur Beobachtung unter dem Elektronenstrahl im Mikroskop.

Um die Probe in einem Zustand zu erhalten, der so gut wie möglich der Morphologie seines natürlichen Zustands entspricht, ist vor der Probentrocknung eine Fixierung notwendig. Dabei muss durch einen geeigneten chemischen oder physikalischen Prozess verhindert werden, dass sich die Proteine oder Lipide in der Probe unter dem Einfluss des Vakuums stark verformen. Bei der herkömmlichen Methode zur Probenpräparation für die Elektronenmikroskopie wird diese Fixierung auf chemische Art bewirkt (meist Fixierung mit Glutaraldehyd, dann mit Osmiumtetroxid). Danach folgt die Trocknung durch Substitution des Wassers durch organische Lösungsmittel (Alkohol oder Aceton) bei Zimmertemperatur und die Einbettung in verschiedene Kunststoffe, deren Wahl davon abhängt, was man im Objekt sehen will. Nach der Polymerisation ist das Material stabil genug, um es anschließend mit einem Ultramikrotom in dünne Scheiben zu schneiden. Dieses Ultramikrotom funktioniert wie eine Brotschneidemaschine. Die Schneide besteht jedoch meist aus Diamant, um dünne gleichmäßige Schnitte von einer Dicke von etwa *100 nm* für die Beobachtung in Transmission herzustellen. Schließlich wird die Probe zur Verbesserung des Kontrastes zwischen den verschiedenen Zellorganellen einem Material mit schweren Atomen (typischerweise Uranylacetat oder Bleicitrat) ausgesetzt, die an die Oberfläche verschiedener Zellstrukturen (Kernen, Golgi-Apparat oder Mitochondrien) diffundieren und diese dadurch sichtbar machen (s. später in Abb. 31).

In den letzten Jahren haben sich rein physikalische Prozesse durch ultraschnelles Einfrieren als gute Möglichkeit zur Erhaltung der zellulären und subzellulären Strukturen erwiesen. Dabei werden die Gewebe auf einen mit flüssigem Helium oder flüssigem Stickstoff gekühlten Kupferblock gegeben. Für das gefrorene biologische Material sind verschiedene Verfahren vorgeschlagen worden, die in Tabelle 5 zusammengefasst sind.

Das kryofixierte Präparat von Gewebefragmenten, Suspensionen oder Zellkulturen kann direkt mit einem Kryo-Ultramikrotom in dünne Schichten geschnitten werden, die dann in diesem gefrorenen Zustand untersucht werden können. Dazu benötigt man für das Mikroskop einen Präparathalter, der die Beobachtung mit einer Kühlung durch flüssigen Stickstoff (*77 K*) erlaubt. Um die Ultrastruktur des Gewebes zu erhalten, muss das Wasser durch ultraschnelles Abkühlen in seiner amorphen Form gefroren werden und seine Rekristallisation in eine hexagonale oder kubische Struktur verhindert werden. Der Übergang in diese stabilen, für die Beobachtung jedoch ungeeigneten Strukturen wird dadurch verhindert, dass man die Probe während der Bearbeitungsschritte auf einer Temperatur unterhalb der Glastemperatur, also *153 K* hält. Eine zweite Möglichkeit besteht darin, die Probe im gefrorenen Zustand unter Vakuum zu brechen, um dann die Oberfläche entweder direkt mit einem Rasterelektronenmikroskop oder indirekt nach Aufdampfen einer dünnen Kohlenstoffschicht als Replikat zu beobachten. Man be-

Tab. 5:

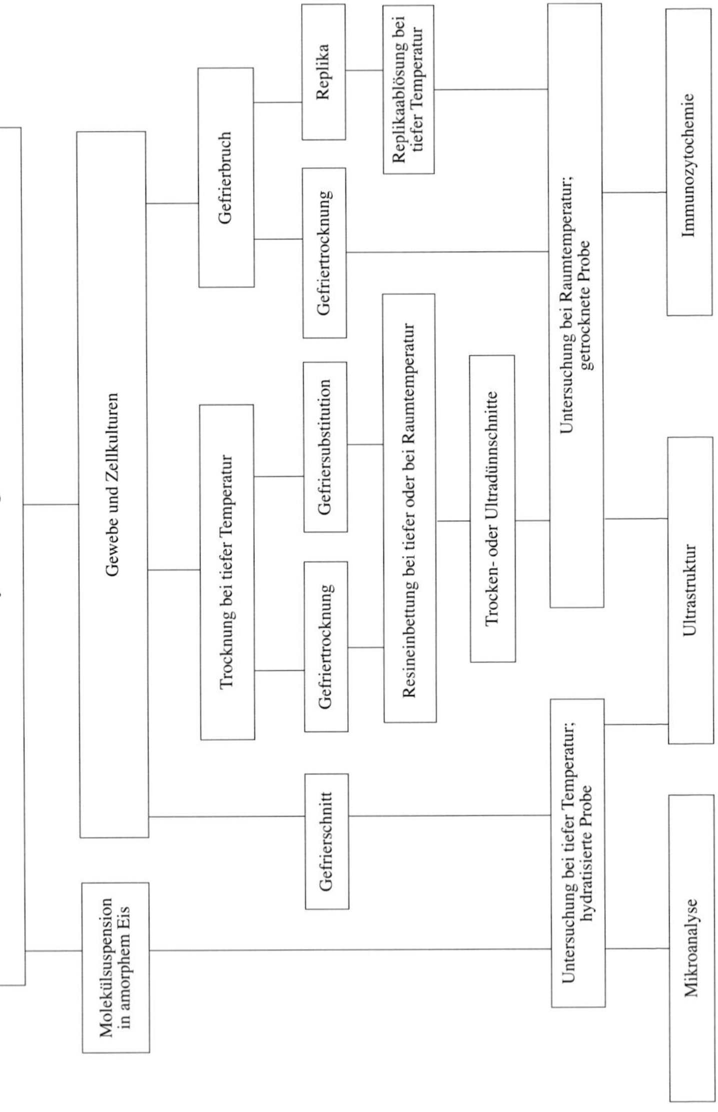
Kryofixierung
Gewebe und Zellkulturen
Molekülsuspension in amorphem Eis
Gefrierbruch
Trocknung bei tiefer Temperatur
Gefrierschnitt
Replika
Gefriertrocknung
Gefriersubstitution
Gefriertrocknung
Replikaablösung bei tiefer Temperatur
Resineinbettung bei tiefer oder bei Raumtemperatur
Trocken- oder Ultradünnschnitte
Untersuchung bei Raumtemperatur; getrocknete Probe
Untersuchung bei tiefer Temperatur; hydratisierte Probe
Immunozytochemie
Ultrastruktur
Mikroanalyse

obachtet dann ein Relief, das evtl. mit Hilfe einer Metallbedampfung beschattet wird. Mit dieser Gefrierbruch-Technik kann die Beobachtung in einem konventionellen Transmissionselektronenmikroskop bei Raumtemperatur erfolgen. Eine letzte Methode benutzt die Trocknung bei tiefer Temperatur im Vakuum, auf die verschiedene Behandlungen wie Gefrier-Substitution oder Kryoimprägnierung folgen. Damit erhält man trockene Proben, die wie bei einer konventionellen chemischen Präparation bei Raumtemperatur beobachtet werden können. Die Kryomethoden weisen viele Vorteile im Vergleich zu chemischen Techniken auf. Sie erhalten die Struktur bis zu einer Skala von $2 - 3\ nm$ und bewirken den Erhalt der chemischen Zusammensetzung, indem sie die Verteilung von anorganischen Elektrolyten und schnell beweglichen Bestandteilen verhindern. Man kann sich leicht vorstellen, dass diese Techniken auch beim Studium der dynamischen Prozesse biologischen Materials benutzt werden können. Dazu wird zu jedem Moment eines Kreislaufs physiologischer Aktivität eine ultraschnelle Kühlung des Präparats durchgeführt und dann ein Bild der Struktur und der lokalen chemischen Zusammensetzung aufgenommen, das diesen Aktivitätszustand widerspiegelt.

Ein anderer großer Bereich elektronenmikroskopischer Untersuchungen betrifft Makromoleküle oder Ansammlungen von Makromolekülen, die aus Zellen oder Geweben extrahiert wurden. Man kann heute die Gesamtheit von Funktionen auflösen und damit eine bestimmte biologische Aktivität abtrennen und charakterisieren. Ein Großteil der biologischen Funktionen ist mit großen Ansammlungen von Makromolekülen und Nukleinsäuren verknüpft, die mit vielen Proteinen und Peptiden verbunden sind. Zum Verständnis der Funktionsmechanismen derartiger Komplexe werden Konformationsänderungen oder topologische Änderungen untersucht, die meist durch direkte Wechselwirkungen zwischen Nukleinsäuren und Proteinen verursacht werden. Zu ihrer Untersuchung werden verschiedene Verfahren für die Isolierung und die Darstellung von einzelnen Molekülen oder makromolekularen Komplexen benutzt. Das wirkungsvollste und einfachste besteht darin, die Moleküle auf einem Trägerfilm zu adsorbieren, auf dessen Oberfläche man den hydrophilen oder hydrophoben Zustand durch geeignete Behandlung kontrollieren kann. Dazu muss das bio-

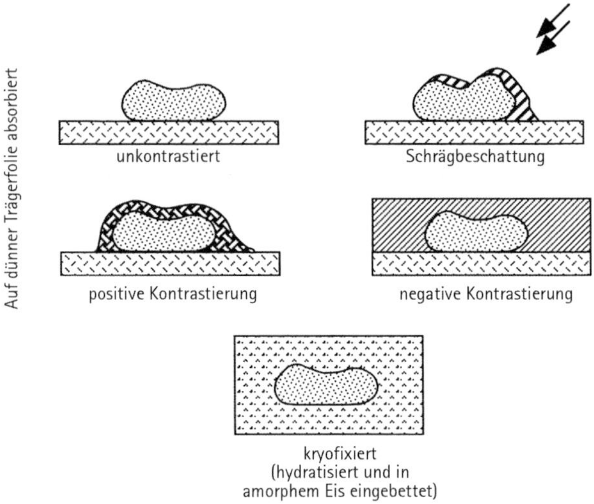

Abb. 27: Verschiedene Präparationsmethoden für die Untersuchung einzelner Makromoleküle im Transmissionselektronenmikroskop.

logische Molekül auf einer Oberfläche haften bleiben, ohne verformt zu werden. Um die Sichtbarkeit eines Objekts mit schwachem Phasenkontrast auf einem dünnen Kohlenstoffträgerfilm künstlich zu steigern, benutzt man schwere Atome (Abb. 27). Sie können als ein einfaches Mittel zum Einfärben der Kontur des Objekts benutzt werden (Positivfärbung) oder eine Matrix darstellen, in derem Inneren die eigentliche Probe mit negativem Kontrast erscheint (Negativfärbung). Abb. 28 zeigt ein typisches Bild so kontrastierter DNA-Moleküle, die auf einem dünnen Kohlenstofffilm abgelegt wurden. Bei Verwendung von funktionalisierten Trägerfolien (Lipidfilme) können sich die zu untersuchenden Moleküle orientieren, sich anordnen und in einem zweidimensionalen Gitter kristallisieren. An derartigen Membranproteingittern konnten kürzlich durch Elektronenkristallographie Strukturkarten mit einer Auflösung von besser als *0,5 nm* bestimmt werden. Mit dieser sehr vielversprechenden elektronenmikroskopischen Methode kann man anders als bei Röntgenbeugungstechniken auch dann noch Strukturen mit quasi

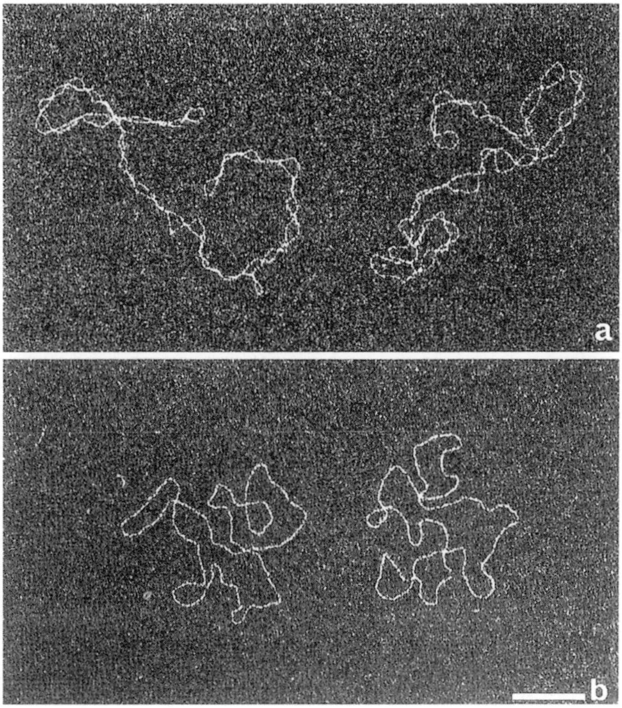

Abb. 28: Bilder von DNA-Molekülen. Die DNA wurde chemisch extrahiert und gereinigt, dann auf einem etwa *3,5 nm* dicken Kohlenstofffilm aufgebracht und mit Uransalzen eingefärbt, die sich an den negativen Ladungen der DNA anlagern. In Dunkelfeldaufnahmen entsteht ein starker Kontrast. a) Verdrillte Doppelhelix mit übereinander liegenden Strängen, b) aufgetrennte Doppelhelix (E. Delain, IGR Villejuif).

atomarer Auflösung bestimmen, wenn das Kristallisieren großer Mengen des Materials schwierig ist. Dabei ist die Probenpräparation jedoch nur der erste Schritt einer langen und schwierigen Untersuchung, für die die neuesten Methoden der Mikroskopie (Beobachtung unter sehr geringer Dosis zur Begrenzung der Strahlenschäden) und die *a posteriori* Bildverarbeitung benutzt werden müssen.

Die eleganteste Methode für die Untersuchung von Dispersionen einzelner Moleküle besteht darin, eine Suspension dieser Moleküle in wässriger Umgebung schnell zu gefrieren, indem man einen Tropfen auf ein Kupfernetz gibt und in flüssiges Ethan eintaucht. Um eine Dünnung auf eine nutzbare Dicke zu erreichen, wird ein großer Teil des Tropfens vorher mit einem Filterpapier entfernt. Die Dicke dieses Eisfilms in der Größenordnung von *100 nm* erlaubt die Beobachtung von Molekülen, die in ihrem Ursprungszustand, d. h. in ihrer wässrigen oder ionischen Umgebung verbleiben. Durch die Beschränkung der Probe auf eine dünne Lösungsschicht werden jedoch die störenden Oberflächeneffekte nicht völlig beseitigt. Darüber hinaus stellt die beliebige Orientierung der biologischen Partikel eine Schwierigkeit dar. Die jüngsten Fortschritte der Bildverarbeitung erlauben jedoch, diese Schwierigkeiten zu überwinden, sofern man über mehrere Tausend Moleküle verfügt.

4.4 Mikroskope mit kontrollierter Umgebung

Zum Abschluss dieses Kapitels wollen wir einige neuere Entwicklungen in der Rasterelektronenmikroskopie diskutieren. Die Vakuumbedingungen und die Aufladungsphänomene, die durch den Primärstrahl in nichtleitenden Proben verursacht werden, begrenzen die Anwendung insbesondere im industriellen Bereich. Um dem abzuhelfen, wurden mehrere Lösungsmöglichkeiten untersucht. Beispielsweise ist es üblich, jede nichtleitende Oberfläche vor der Beobachtung mit einem dünnen Metall- oder Kohlefilm zu beschichten. Die Reduktion der Beschleunigungsspannung (auf einige kV) erlaubt, die durch den Einfallsstrahl auf die Probe aufgebrachten Ladungen fast genau durch die von der Probe emittierten Elektronen zu kompensieren, sodass die insgesamt aufgebrachte Ladung vernachlässigbar bleibt. Eine aktuelle Entwicklung scheint eine Lösung für all diese Schwierigkeiten zu liefern.

Kommen wir auf den Begriff des Vakuums zurück. Die Physiker benutzen zur Messung des Drucks die Einheit Pascal (*Pa*); der Normaldruck der Luft beträgt etwa $10^5\ Pa = 1000\ hPa$. Der Restdruck in einer elektronenmikroskopischen Säule liegt bei etwa $10^{-4}\ Pa$. Bei diesem Druck gibt es noch einige 10^{13} Gasatome pro Liter. Damit ist die Wahrscheinlichkeit von Stößen zwischen schnellen Elektronen und einem dieser Gasmoleküle praktisch gleich Null. Deshalb wird ein solches Vakuum in einer elektronenmikroskopischen Säule erzeugt. Aber es ist nicht unbedingt notwendig, dass auch das gleiche Vakuum in der Nähe der Probe vorhanden ist. Dies hat in den letzten Jahren zur Entwicklung von Mikroskopen geführt, die in der Mikroskopsäule und in der Probenkammer unterschiedliche Vakua aufweisen. Das Zulassen eines schlechteren Vakuums in der Probenkammer (bis 65 hPa in den jüngsten Umwelt-Mikroskopen der Firma Electroscan) bringt mehrere Vorteile. Der erste ist eine Verringerung der Aufladungseffekte auf der Oberfläche eines Isolators. Die Gasmoleküle um die Probe können durch den einfallenden Elektronenstrahl oder auch die Sekundärelektronen ionisiert werden und dann die Probenoberfläche neutralisieren. Der zweite Vorteil besteht darin, dass damit bei vielen leicht flüchtigen Proben die ursprünglichen Morphologien unter Vakuum erhalten werden können (Papier, Schmiermittel, Salben, Nahrungsmittel, ...). Daraus ergibt sich eine spektakuläre Erweiterung der Anwendungsgebiete des Mikroskops. Um nur ein Beispiel von einem Elektronenmikroskopiekongress zu zitieren, möchte ich eine eindrucksvolle Sequenz erwähnen, die zeigt, wie sich Insekten in großen Löchern im Inneren eines Käses bewegen. Diese Insekten bewegen sich so lange, bis die Elektronendosis bei höheren Vergrößerungen so weit erhöht wird, dass sie sterben. Daher können bei moderaten Vergrößerungen die Bewegungen von lebenden Organismen im Inneren des Mikroskops verfolgt werden, wiederum im Gegensatz zu den Vorhersagen von Gabor.

Kapitel 5 Die Bilder verstehen

5.1 Allgemeines

Betrachtet man lichtmikroskopische Aufnahmen, scheint die Interpretation auf den ersten Blick keine besonderen Schwierigkeiten zu machen. Schließlich handelt es sich um eine vergrößerte Darstellung der Welt, so wie man sie auch sonst mit dem Auge wahrnimmt, also um ein Bild, das oft farbig ist und helle und dunkle Bereiche enthält. Je nachdem, ob man die Probe in Transmission oder in Reflexion beobachtet, sieht man verschiedene Probenbereiche, die das Licht je nach Wellenlänge unterschiedlich absorbieren oder reflektieren. Selbst ohne sich um die physikalischen Mechanismen bei der Wechselwirkung zwischen elektromagnetischem Feld und Materie zu kümmern, kann der Beobachter mehr oder weniger wichtige Informationen aus dem ziehen, was er direkt sieht oder indirekt mit Hilfe einer Fernsehkamera oder eines Filmes aufzeichnet. Schließlich hat er im täglichen Leben Erfahrungen mit einem mehr oder weniger transparenten Glas oder einem Spiegel gemacht, der ihm sein Bild zurückwirft. Er hat sich auch schon über die Bedeutung seiner Beobachtungen Gedanken gemacht, wenn er die deformierten Bilder durch die Wand einer Flasche sieht oder die Spiegelungen auf der Oberfläche des Kaffees in seiner Tasse. Auch bei der Beobachtung der Sonnenstrahlen durch einen Vorhang haben farbige und geometrische Bilder schon oft seine Aufmerksamkeit angezogen.

In der Welt der Elektronenmikroskopie ist es jedoch schwieriger, die erhaltenen Bilder zu verstehen und daraus nützliche Informationen über die untersuchte Probe zu gewinnen. Zum Verständnis der Materie in ihrer inneren Zusammensetzung fehlen uns die Skalen und Bezugspunkte. Das Elektronenmikroskop ist ein phantastisches Instrument, um das Unsichtbare zu sehen, aber die Schlüssel zum Verständnis dieser Schätze müssen erst entwickelt werden. Je mehr man sich den Grenzen, d. h. der Rekonstruktion der Struktur der Materie Atom für Atom nähert, umso mehr bedarf die Interpretation der Bilder einer ausgefeilten theoretischen Unterstützung. Diese basiert je nach der Art des untersuchten Präparats auf Begriffen wie Quantenmechanik, Atomphysik, Wellenoptik, Kristallographie, Festkörperphysik, anorganische Chemie und Molekularbiologie.

Die komplizierte Vorhersage von Bildern für vorgegebene Strukturen oder Defekte in Abhängigkeit von den Bedingungen des Mikroskops wollen wir hier nicht genauer diskutieren. Dennoch ist dies natürlich für die Interpretation ein entscheidender Schritt. Wir wollen hier einige grundlegende Fragen stellen und den kritischen Blick gegenüber den zu deutenden Bildern schärfen.

Der erste Schritt führt uns direkt zur Extremsituation eines hochenergetischen Elektrons, das dicht an einem einzelnen Atom vorbeifliegt. Wir erinnern uns daran, dass Letzteres aus einem positiv geladenen Kern besteht, der von den negativ geladenen Elektronen umkreist wird. Zwischen diesen lokalisierten Ladungen und der negativen Ladung des einfallenden Elektrons wirken anziehende oder abstoßende Coulomb-Kräfte, die das Einfallselektron ablenken oder abbremsen. Ein ruhendes Atom im Zustand minimaler Energie kann vom einfallen-

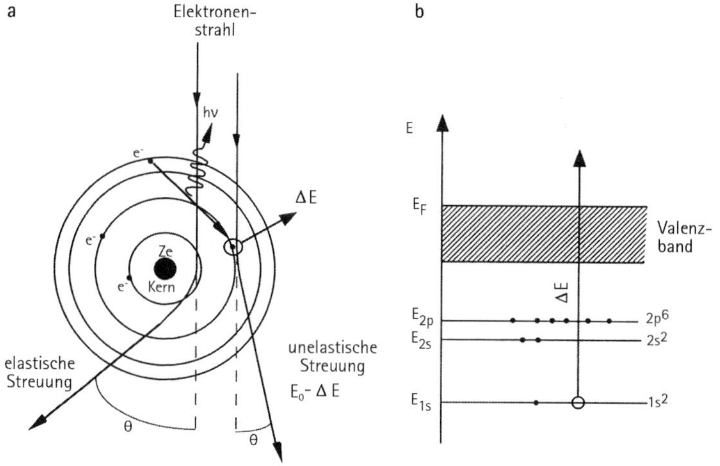

Abb. 29: a) Elastische und unelastische Streuung zwischen einem hochenergetischen Primärelektron und einem Atom, b) Energieniveauschema für einen Anregungsprozess mit dem Energieverlust ΔE des einfallenden Elektrons.

den Elektron nur Energie übernehmen. Dabei verliert Letzteres die entsprechende Energie. Abb. 29a zeigt die verschiedenen dabei auftretenden Prozesse.

Die Elektronen, die sich dem Kern sehr stark nähern, erfahren eine anziehende Wechselwirkung und werden daher stark abgelenkt. Dieser Prozess wird als *elastische Streuung* (ohne Änderung der Energie) bezeichnet. Dies entspricht dem Stoß einer leichten und schnellen Kugel mit einer großen Billardkugel. Da die Massendifferenz zwischen beiden Stoßpartnern sehr groß ist, wird dabei (fast) keine kinetische Energie an Letztere übergeben. In unserem Fall ist der Ablenkungswinkel vergleichsweise groß. Dies ist jedoch eine relative Aussage, denn die mittleren Ablenkwinkel liegen bei etwa 10^{-2} *rad*, d. h. in der Größenordnung von einem halben Grad.

Die Elektronen, die die Elektronenwolken der Orbitale durchqueren, wechselwirken mit Teilchen gleicher Masse und können demzufolge Energie auf sie übertragen. Die Atomelektronen können daher von einem Energieniveau auf ein anderes wechseln oder sich vollständig vom Atom entfernen, sodass dann das anfangs neutrale Atom zu einem Ion wird. Der Energieverlust des einfallenden Elektrons entspricht dem Energiegewinn des Elektrons im Präparat (Abb. 29b).

Die Winkelablenkung ist dabei im Allgemeinen sehr viel kleiner als im Fall elastischer Streuung. Man sagt, dass für *unelastische Streuprozesse* (mit Energieübertrag) die Winkel in einem kleinen Bereich von der Größenordnung 10^{-4} bis 10^{-3} *rad* konzentriert sind.

Wir werden nun nacheinander die Konsequenzen dieser Elementarprozesse für das Verständnis der elektronenmikroskopischen Aufnahmen diskutieren und uns dabei insbesondere mit dem Fall der hochauflösenden Elektronenmikroskopie befassen.

5.2 Interpretation des Kontrastes in transmissionselektronenmikroskopischen Aufnahmen

Der Begriff des Kontrastes hängt direkt damit zusammen, dass ein Bild eine zweidimensionale Darstellung einer bestimmten Objekteigenschaft ist (Abb. 5). Demzufolge unterscheidet sich die Anzahl $I(x,y)$ der Elektronen, die in einem Punkt des Detektors aufgenommen wird, von der in einem benachbarten Punkt $I(x+\Delta x, y+\Delta y)$.

Der Kontrast wird durch $C(x,y) = [I(x,y) - \langle I \rangle]/\langle I \rangle$ definiert, wobei $\langle I \rangle$ den Mittelwert der Intensität im betrachteten Bereich darstellt. Im Folgenden werden alle Längen auf die Probe bezogen.

Im Transmissionselektronenmikroskop ist die Probe eine dünne Schicht der Dicke t, die so klein ist, dass die Zahl der Streuprozesse klein und die Abbremsung der Primärelektronen vernachlässigbar bleibt. Zunächst berücksichtigen wir für die Bildentstehung nur die elastischen Streuprozesse, die zu einer Winkelverbreiterung des anfangs parallelen Einfallsstrahls führen. Der Einfluss der unelastischen Streuprozesse und ihre Konsequenzen werden im Verlauf des Kapitels 6 diskutiert, das der analytischen Elektronenmikroskopie gewidmet ist. Für den Augenblick merken wir uns, dass der wesentliche Effekt der Elektron-Materiewechselwirkung darin besteht, am Ausgang der Probe einen divergenten Elektronenstrahl zu erzeugen, der sich, wie in Abb. 30 dargestellt, innerhalb eines Streukegels ausbreitet.

Nehmen wir an, dass für die beiden Punkte A und B der Probe alle gestreuten Elektronen aufgezeichnet werden. Dann gäbe es keinen Kon-

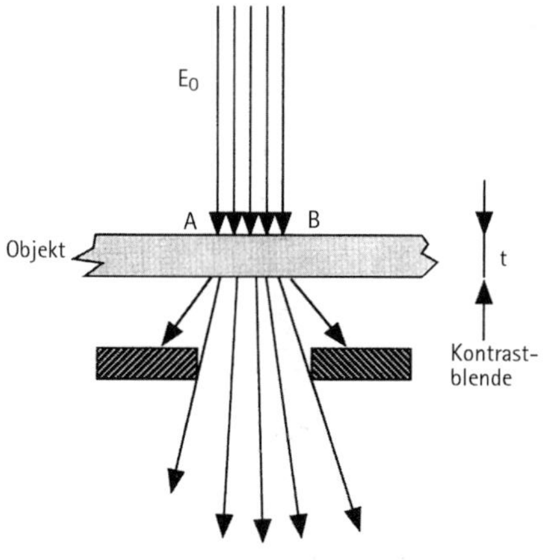

Abb. 30: Entstehung des Streuabsorptionskontrasts durch Einbringen einer Kontrastblende nach der Probe.

trast. Demzufolge ist die erste einfache Idee, in der Säule nach der Austrittsebene der Probe eine kreisförmige Öffnung (eine *Kontrastblende*) einzubringen, die nur einen Teil der gestreuten Elektronen durchlässt. Dadurch können wir zwei Punkte mit verschiedenem Streuvermögen (entweder durch die Art der Atome oder ihre Anzahl, d. h. die lokale Dicke verursacht) unterscheiden.

5.2.1 Amorphe Proben

Dieses Grundprinzip des *Streuabsorptionskontrastes* stellt die Grundlage für die Abbildung von amorphen Proben dar. Hier verstehen wir unter amorph jedes Präparat, das man als dichte Ansammlung von Atomen ohne besondere Ordnung verstehen kann, wobei die Abstände der nächsten Nachbarn natürlich immer im Wesentlichen gleich sind. Um ein konkretes Beispiel zu nehmen, betrachten wir biologische Proben, die im Wesentlichen aus leichten Atomen C, H, O und N bestehen und deren Zellstrukturen durch eine selektive Markierung mit schweren Atomen (Osmium, Wolfram, Uran) sichtbar gemacht werden (s. Abb. 31).

Wir betonen, dass dieser Streuabsorptionskontrast nicht durch eine wirkliche Absorption von Elektronen in der Probe verursacht wird. Für die üblicherweise benutzten Dicken werden praktisch alle Elektronen transmittiert. Es handelt sich daher um eine Art „virtuelle Absorption", weil einige transmittierte Elektronen durch die eingefügte Kontrastblende abgefangen werden und daher nicht mehr am Detektor ankommen.

An dieser Stelle müssen wir auf die doppelte Rolle der Objektivlinse zurückkommen, nämlich vergrößerte Bilder oder Beugungsdiagramme zu erzeugen. Betrachten wir in Abb. 32 den Abbildungsstrahlengang einer Linse, ganz analog zu optischen Linsen.

Das achsenparallele Strahlenbündel A_1, A_0, A_2 der Probe wird in einem Punkt O in der Brennebene der Linse fokussiert, bevor es ein vergrößertes und umgekehrtes Bild A_1', A_0', A_2' in der Bildebene der Linse erzeugt. Wird das parallele Strahlenbündel von der Probe insgesamt um einen Winkel θ abgelenkt und bleibt dabei zueinander parallel, wird es in der Brennebene auf einen Punkt O' neben dem Punkt O ab-

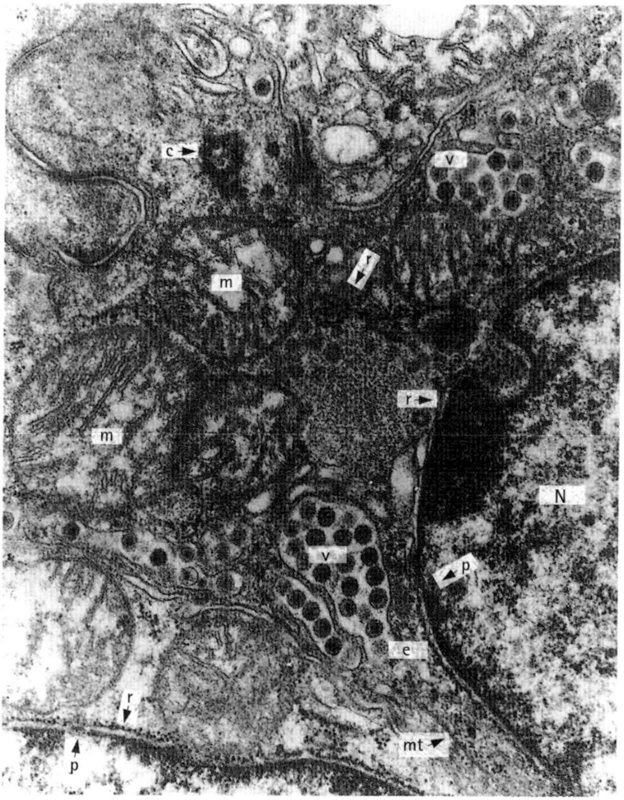

Abb. 31: Hellfeldabbildung eines Zellschnitts einer mit dem Myeloblastose-Virus (Leukämie) infizierten Hühnerniere. Man erkennt den Kern (N) mit dem dichten Chromatin und die doppelte Kernmembran mit ihren Poren (p→), den Polyribosomen (r→), die an den Wänden des Ergastoplasmas (e) oder der zytoplasmatischen Seite der Kernmembran hängen. Das Zytoplasma enthält die Mitochondrien (m) und den Querschnitt einer Zentriole (c). Man sieht einige Mikrotubuli (mt→). Im interzellulären Bereich sieht man zahlreiche Viren (v), die dem AIDS-Virus ähneln (E. Delain, IGR Villejuif).

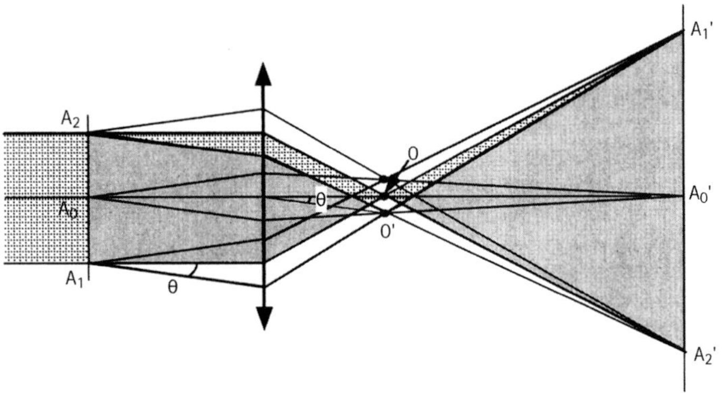

Abb. 32: Erzeugung eines vergrößerten Bildes und eines Beugungsdiagramms durch die Objektivlinse.

gebildet, bevor es dasselbe vergrößerte Bild A_1', A_0', A_2' erzeugt wie das unabgelenkte Strahlenbündel. Dieses Beispiel macht deutlich, dass Bahnen mit verschiedenen Winkeln in der Brennebene der Linse unterschieden werden können. Man kann leicht sehen, dass der Abstand OO' in der hinteren Brennebene gleich $f\theta$ ist, wobei f die Brennweite der Linse ist. Wenn man also nur einen Teil des transmittierten Strahls im Elektronenmikroskop durchlassen will, muss die Kontrastblende in der hinteren Brennebene der Objektivlinse angebracht werden. An dieser Stelle spielt sie ihre Rolle als Kontrastfilter, ohne das Bild zu beeinträchtigen.

5.2.2 Kristalline Proben

Betrachten wir nun *kristalline Proben*. In einem Festkörper haben die Atome die Tendenz, sich in regelmäßigen Strukturen anzuordnen, um damit die größtmögliche Dichte zu erreichen. Dies entspricht der Pflasterung eines Bodens, in dem in zwei Dimensionen dasselbe Basismotiv periodisch wiederzufinden ist. Analog dazu ist der Kristall, in dem in drei Dimensionen periodisch dasselbe Grundmuster angeordnet ist, die stabile Form eines Festkörpers. Seit langer Zeit hat die Existenz von Symmetrien das Interesse von Wissenschaftlern geweckt, die nach

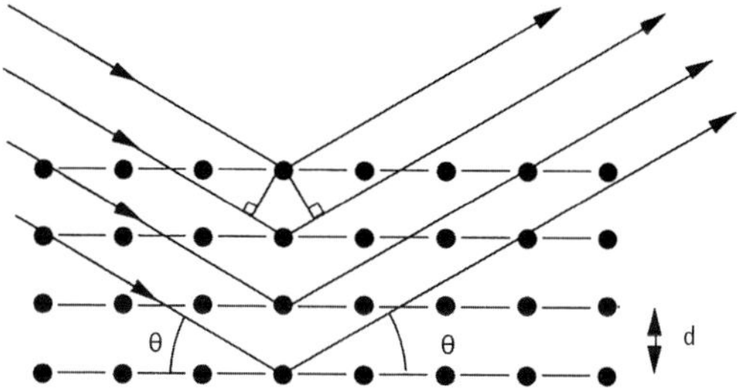

Abb. 33: Bragg-Beugung an einer Netzebenenschar.

den Arbeiten von Haüy und Bravais im 19. Jahrhundert eine Klassifizierung der Kristalle nach dem Verhalten unter Symmetrieoperationen durchgeführt haben. Erst Anfang des 20. Jahrhunderts konnte Laue durch seine Röntgenbeugungsexperimente eine Bestätigung für diese dreidimensionale Ordnung liefern. Untermauert wurde dies 1927 durch die Elektronenbeugung an einem Nickelkristall durch Davison und Germer. Damit wurde gleichzeitig die Dualität Welle-Teilchen von Elektronen nachgewiesen. Zur Erklärung der Beugung an einem Gitter muss der Einfallsstrahl durch eine Welle mit einer Amplitude, einer Phase und einer Wellenlänge beschrieben werden. Beugung, d. h. konstruktive oder destruktive Interferenz, tritt in bestimmten Richtungen dann auf, wenn die an den Netzebenen reflektierten Wellen in Phase sind oder eben nicht.

Abb. 33 zeigt als Spezialfall die Bragg-Beugung an einem Kristallgitter. Das Gitter wird als eine Netzebenenschar mit einem Abstand d dargestellt. In Bezug auf die einfallende Welle verhalten sich Netzebenen wie teilreflektierende Spiegel. Wenn die an aufeinander folgenden Ebenen reflektierten Wellen in Phase sind, d. h. wenn der Wegunterschied zwischen diesen Wellen gleich einem ganzzahligen Vielfachen der Wellenlänge der einfallenden Strahlung ist, tritt in dieser Richtung ein Beugungsmaximum auf. Nach Abb. 33 gilt dies für

$$2d \sin\theta = n\,\lambda.$$

Diese *Bragg-Bedingung* verknüpft den Netzebenenabstand im Kristallgitter mit dem Beugungswinkel 2θ zwischen dem einfallenden und dem abgebeugten Strahl und der Wellenlänge λ. Diese Beziehung gilt sowohl für elektromagnetische Strahlung als auch für geladene Teilchen. Man sieht sofort, dass für das Auftreten von Beugungsreflexen an einem Kristallgitter die Wellenlänge λ kleiner als $2d$ sein muss, da $sin\theta$ immer kleiner als 1 ist. Für Abstände d der Größenordnung von $0,1$ bis $0,3\ nm$ folgt daraus, dass λ kleiner als $0,2$ bis $0,6\ nm$ sein muss. Bei elektromagnetischen Wellen gilt dies nur für Röntgenstrahlen. Diese Erkenntnis war die Geburtsstunde der Röntgenkristallographie. Für die hochenergetischen Elektronen im Elektronenmikroskop ist die Wellenlänge ungefähr hundertmal kleiner als die Abstände zum nächsten Nachbarn. Daher kann die Bragg-Bedingung ohne Probleme erfüllt werden. Die typischen Beugungswinkel für die dichtesten Ebenenscharen eines Kristallgitters betragen daher einige $10^{-2}\ rad$.

Beobachtet man im Elektronenmikroskop ein kristallines Präparat, so wird in der hinteren Brennebene des Objektivs ein Beugungsdiagramm aus mehreren wohlgeordneten Punkten erzeugt. Wird nun durch entsprechende Einstellung der folgenden Linse diese Ebene in die Endbildebene des Mikroskops oder auf den fotografischen Film abgebildet (Beugungsmodus), so sieht man dort ein Beugungsmuster. Dieses gibt direkt Auskunft über die Kristallstruktur (Symmetrie, interatomare Abstände) und die Orientierung dieses Kristallgitters in Bezug auf den Einfallsstrahl.

Abb. 34 stellt zwei Beispiele für solche Beugungsdiagramme dar. Wir wollen nun den Ursprung der verschiedenen Punkte identifizieren und bestimmten Netzebenenscharen zuordnen. Dies bezeichnet man als Indizieren eines Beugungsdiagramms. Jeder Punkt entspricht einer bestimmten Richtung, in dem die Elektronen aus der Austrittsfläche der Probe austreten. Sie bilden einen bestimmten Winkel in Bezug auf die Einfallsrichtung, die als Referenz (000) im Zentrum des Beugungsdiagramms benutzt wird.

In Abb. 32 erkennen wir, dass uns die Objektivlinse Zugang zu zwei fundamentalen Ebenen in Bezug auf die Probe liefert:

- Zur Bildebene, die uns ein vergrößertes Bild der Probe liefert. Sie ermöglicht uns einen Blick in den Ortsraum (Abbildungsmodus).
- In der Beugungsebene findet sich eine Darstellung von Beugungsrichtungen für eine vorgegebene Struktur. Man spricht daher von

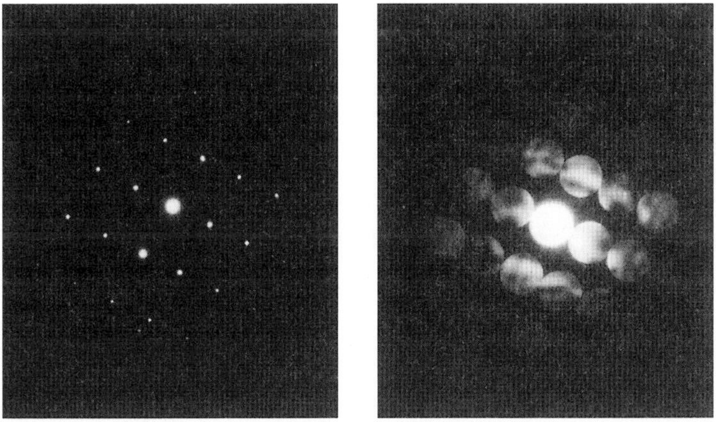

a b

Abb. 34: Beugungsdiagramme eines Saphirkristalls (Al_2O_3) in [2110]-Orientierung. a) Konventionelle Beugung bei paralleler Einstrahlung; b) Elektronenbeugung im konvergenten Bündel (D. Bouchet, Orsay).

Information, die bezogen ist auf einen speziellen Schnitt durch den reziproken Raum (Beugungsmodus).

Geeignetes Einführen und Verschieben von Blenden in diesen beiden Ebenen ermöglicht dem Elektronenmikroskopiker eine große Anzahl von verschiedenen Beobachtungsarten. In einem ersten Schritt wählt er durch Einführung einer Selektionsblende in der Zwischenbildebene einen bestimmten Bereich der Probe aus. Ändert er nun die Anregung der Zwischenlinse, so erhält er in der Beobachtungsebene ein Beugungsdiagramm von diesem ausgewählten Bereich (Feinbereichsbeugung). Führt er nun eine Kontrastblende ein, um aus dem Beugungsdiagramm entweder den Zentralfleck oder einen abgebeugten Reflex zu selektieren, so kann er anschließend in den Abbildungsmodus zurückkehren und auf dem Schirm ein Bild im Hellfeld oder im Dunkelfeld beobachten. Das Letztere nutzt ausschließlich Elektronen, die eine Reflexion an einer ganz bestimmten Netzebenenschar erfahren haben.

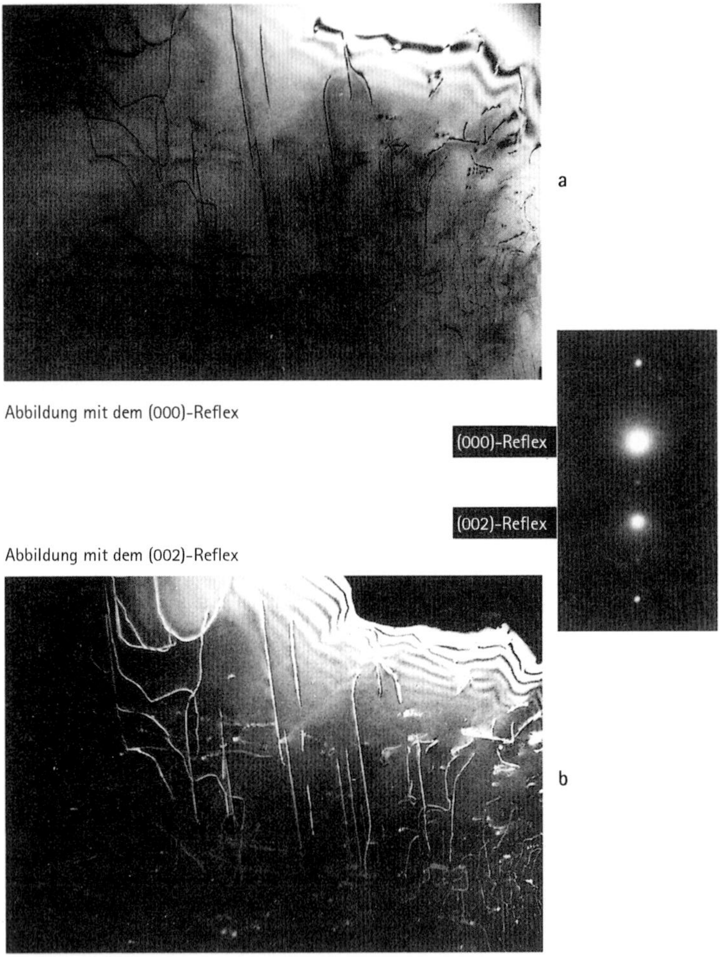

Abb. 35: Versetzungen in hochtemperaturverformtem (*800° C*) Diopsid ($CaMgSi_2O_6$) im Zweistrahlfall (002): a) Hellfeldabbildung mit dem durchgehenden Strahl; b) Dunkelfeldabbildung mit dem (002)-Reflex (J. Ingrin, Orsay).

Damit lassen sich sehr wertvolle Informationen über einen Kristall gewinnen. In bestimmten Fällen wird der Kristall so orientiert, dass nur eine Netzebenenschar in Beugungsorientierung ist (Zweistrahlfall). Befindet sich nun im Gesichtsfeld ein Defekt, der die Struktur des Gitters lokal in Bezug auf das Idealgitter verformt, so sind die Netzebenen in der Nähe des Defekts nicht in derselben Orientierung wie die umgebende Matrix. Demzufolge erscheinen die Defekte hell auf einem dunklen Hintergrund oder dunkel auf einem hellen Untergrund. Ein Beispiel ist in Abb. 35 dargestellt.

Für Orientierungen mit hoher Symmetrie bei relativ dicken Proben werden die Beugungsdiagramme im Allgemeinen sehr kompliziert mit vielen Reflexen und Mehrfachstreuung zwischen den einzelnen Reflexen. Nichtsdestotrotz können die Beugungstechniken selbst unter diesen Bedingungen wichtige Informationen über die lokale Kristallstruktur liefern. Der Einfallsstrahl wird dabei mit dem Beleuchtungssystem auf einen kleinen Fleck auf der Probe fokussiert. Im Beugungsdiagramm werden nun die Reflexe zu Scheiben, deren Ausdehnung durch den Konvergenzwinkel bestimmt wird. Die Überlagerung dieser Beugungsfiguren führt zu Beugungsdiagrammen im konvergenten Bündel, deren Analyse in letzter Zeit neue Möglichkeiten zur Untersuchung der kristallinen Mikrostruktur geliefert hat (s. Abb. 34b).

5.3 Die hochauflösende Elektronenmikroskopie und die Direktabbildung von atomaren Strukturen

Mit Elektronenbeugungstechniken können wir die Periodizitäten im insgesamt beleuchteten Bereich des Präparats untersuchen. Benutzt man eine Blende, die nicht nur einen Beugungsreflex, sondern neben dem Zentralfleck noch die nächsten Beugungsreflexe durchlässt, dann sieht man im Abbildungsmodus auf dem Beobachtungsschirm ein Interferenzmuster zwischen all diesen Strahlen. Bei hinreichender Vergrößerung sieht man im Bild alle Periodizitäten und die kristalline Symmetrie, die dem von der Blende durchgelassenen Beugungsdiagramm entspricht. Das Bild besteht aus einer Anordnung von hellen und dunklen Punkten, wobei die Abstände zwischen diesen Reihen den Netzebenenabständen des realen Kristalls entsprechen. Ein derartiges Bild lässt sich also wie ein vergrößertes Bild der Projektion von Atomsäulen parallel zum Einfallsstrahl interpretieren. Abb. 36 stellt den Zusammenhang zwischen der dreidimensionalen Kristallstruktur der Probe, seinem Beugungsdiagramm und dem vergrößerten Bild der atomaren Struktur dar.

Bei genauerer Betrachtung dieser Abbildung sieht man schnell einige Grenzen dieser Methode. Zum einen muss die Orientierung sehr streng eingehalten werden, damit es keine Überlagerung zwischen den Projektionen von benachbarten Atomsäulen gibt. Zum anderen muss das Mikroskop in der Lage sein, die entsprechenden interatomaren Abstände aufzulösen. In einem früheren Kapitel haben wir gesehen, dass die Elektronenlinsen nicht perfekt sind und Fehler aufweisen (Öffnungsfehler, Defokussierung), die zu einer unvollkommenen Übertragung

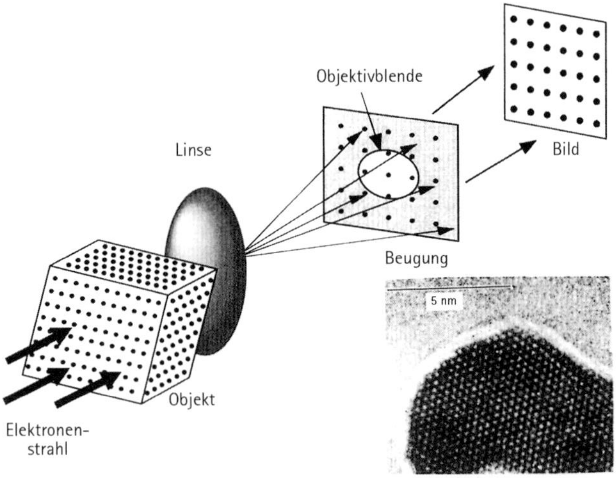

Abb. 36: Bildentstehung im hochauflösenden Transmissionselektronenmikroskop am Beispiel eines kristallinen Objekts: Auf dem Endbildschirm erhält man ein Interferenzmuster der abgebeugten Strahlen in der Beugungsebene. Die hellen und dunklen Punkte, z. B. auf dem rechts unten eingeblendeten Bild eines ZnO-Nanokristalls, entsprechen der Projektion der einzelnen Atomsäulen entlang der Einstrahlrichtung (N. Brun, Orsay).

der Information führen. Wir haben diese Fehler mit Hilfe einer Transmissionsfunktion (Abb. 19) charakterisiert, die als Funktion der Raumfrequenzen definiert ist. Die Beugungsebene liefert einen Schnitt durch diesen Frequenzraum. Zwischen der Periodizität (d ausgedrückt in nm) in der Probenebene, der Raumfrequenz ($\nu = 1/d$ ausgedrückt in nm^{-1}) und dem Beugungswinkel 2θ (einer dimensionslosen Größe ausgedrückt in radian) besteht der durch die Bragg-Bedingung

$2\theta = \lambda/d = \lambda\nu$ (Bragg-Gleichung)

beschriebene Zusammenhang. Dabei haben wir ausgenutzt, dass für kleine Winkel der Sinus ungefähr gleich dem Winkel selbst ist ($\sin\theta \approx \theta$).

Ende des 19. Jahrhunderts wurde die berühmte Abbe'sche Abbildungstheorie zur Deutung der Bilder des Lichtmikroskops entwickelt. Dabei wird die Bildentstehung durch eine Objektivlinse, so wie sie in Abb. 36 dargestellt ist, in drei Schritten beschrieben. Nehmen wir an, dass das Präparat die einfallende ebene Welle moduliert, indem es lokal Phase und Amplitude verändert.

- In einem ersten Schritt zerlegt die Objektivlinse diese Änderungen der Wellenfunktion, die durch die Probe verursacht wurden, als Funktion der betreffenden Raumfrequenzen. Das Ergebnis dieser Fourier-Analyse (oder Fourier-Transformation) erscheint in der Brennebene der Linse. Aber seien wir vorsichtig: Wenn man diese Ebene oder eine äquivalente Ebene des Mikroskops auf den Leuchtschirm abbildet, dann sieht man nur die Intensitäten. Im Beugungsdiagramm verliert man damit alle Information über die Phase der Welle in der Austrittsebene der Probe.
- Im zweiten Schritt modulieren in der Brennebene des Objektivs die Linsenfehler, die durch die Terme in der Übertragungsfunktion dargestellt werden, die Phase und die Amplitude der Fourier-Transformation der Elektronenwellenfunktion. Wir haben gesehen, dass diese Übertragung nicht gleichmäßig über einen größeren Bereich von Raumfrequenzen ist. Als erster Effekt ist die Begrenzung der Informationsübertragung durch eine Maximalfrequenz zu nennen oder, was auf dasselbe hinausläuft, durch einen minimalen Abstand. Dieser entspricht der Auflösungsgrenze und es ist nicht möglich, Bilder von Atomstrukturen zuverlässig aufzulösen, deren Abstände unter diesem Wert liegen (s. Abb. 19).

In Abbildung 19, die das Verhalten der Übertragungsfunktion als Funktion der Raumfrequenzen darstellt, sind unten als Beispiel die Raumfrequenzen der am dichtesten belegten Netzebenen für einen Halbleiterkristall aus Indiumphosphit eingezeichnet.
Daher besteht keine Hoffnung, die Abstände $d_4 = 0{,}17\ nm$ mit dem dort gezeigten Mikroskop, dessen Auflösungsgrenze bei *0,2 nm* liegt, aufzulösen. Die Netzebenenabstände d_3, d_2 und d_1 von *0,21 nm, 0,29 nm* und *0,4 nm* können jedoch mit gutem Kontrast abgebildet werden. Die Übertragungsfunktion, die von der Defokussierung abhängt, kann jedoch den Kontrast positiv oder negativ werden lassen. Daraus folgt je nach den untersuchten Abständen und der Defokussierung des Mikroskops, dass die Bilder von Atomsäulen weiß oder schwarz erscheinen können! In dieser vereinfachten Beschreibung haben wir die komplizierten dynamischen Effekte der Wechselwirkung zwischen Elektron und Probe vernachlässigt, die dazu führen, dass der Kontrast auch von der lokalen Dicke abhängt. Unsere vereinfachte Theorie kann also nur für sehr dünne Proben (im Allgemeinen dünner als *10 nm*) verwendet werden.
- Der dritte und letzte Schritt besteht in der Rekonstruktion der Welle in der Endbildebene durch eine weitere Fourier-Transformation der Welle, die durch die Übertragungsfunktion des Objektivs moduliert wurde. Damit kehrt man zurück in den Raum der reellen Abstände *d*. Der Detektor erlaubt uns nur die Erfassung der Intensitäten. Durch geschickte Veränderung der Defokussierung des Objektivs ist es jedoch möglich, die Phasenverschiebungen der transmittierten Welle darzustellen.

Die hochaufgelösten Bilder von atomaren Strukturen stellen eine Projektion dieser Strukturen dar. Für eine quantitative Interpretation und einen Vergleich zwischen berechneten und experimentell aufgezeichneten Bildern müssen Simulationsrechnungen durchgeführt werden. Diese berücksichtigen den Einfluss der verschiedenen Parameter wie Dicke, Zusammensetzung und Orientierung der Probe auf der einen, und Justage, Fokussierung und Linsenfehler auf der anderen Seite. Diese Methode wurde in den letzten Jahren zunehmend benutzt, um die Struktur von lokal perfekten Kristallen wie in den vielen Verbindungen der Hoch-T_c-Supraleiter (Abb. 37) oder die komplizierten Strukturen in der Nähe von Grenzflächen zwischen Kristallen oder in Nanopartikeln zu untersuchen. In all diesen Fällen muss die experimentelle Beherrschung eines Mikroskops an seinen Leistungsgrenzen durch große Anstrengungen zur numerischen Simulation ergänzt werden. Dieser Trend wird sich durch den Übergang von der halbquantitativen Interpretation der Bilder (Analyse der Raumfrequenzen und der Schwarz-Weiß-Position der Säulen) zu einer wirklich quantitativen Interpretation weiter entwickeln. Dabei werden die gemessenen Werte der lokalen Intensität (über einen großen Graustufenbereich) mit der chemischen Zusammensetzung der beobachteten Säule verknüpft.

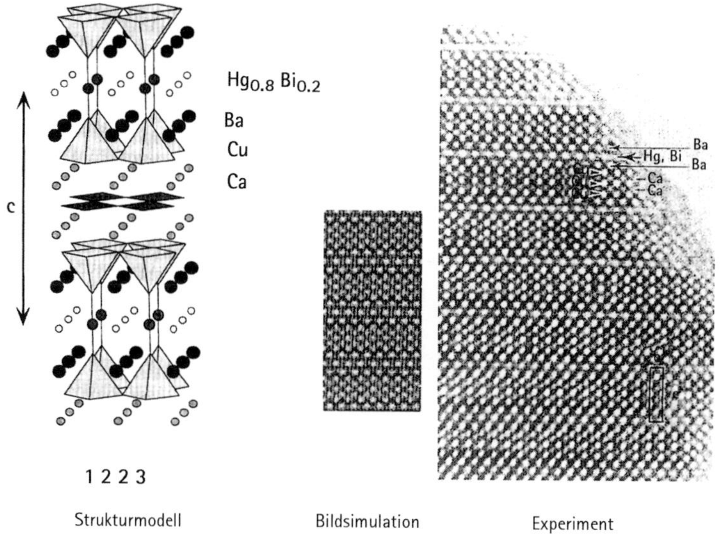

Abb. 37: Hochauflösungsaufnahme eines Quecksilber 1223 Hoch-T_c Supraleiters ($T_c \approx 120$ K) und Vergleich mit einer Bildsimulation ausgehend vom links dargestellten Strukturmodell (M. Hervieu, Caen).

5.4 Der Ursprung des Kontrastes in rasterelektronenmikroskopischen Aufnahmen

Trifft ein Primärelektronenstrahl mit einer Energie zwischen *1* und *30 keV* auf eine Massivprobe, so erfährt er eine Reihe von elastischen und unelastischen Streuprozessen, die zu seiner Abbremsung führen. Die Gesamtheit der Elektronenbahnen befindet sich innerhalb einer „Birne", so wie sie in Abb. 38 dargestellt ist. Deren Ausdehnung und Tiefe hängt von der Primärelektronenenergie und der mittleren Ordnungszahl der Probenatome ab. Die Abbremsung wird von der Emission verschiedener Teilchen aus der bestrahlten Oberfläche begleitet. Man unterscheidet verschiedene Arten von Elektronen je nach deren kinetischer Energie (s. Abb. 39).

Einige haben eine Energie in der Nähe der Primärelektronenenergie (E_0): Dies sind Elektronen des Primärstrahls, die Stöße mit einem Winkel

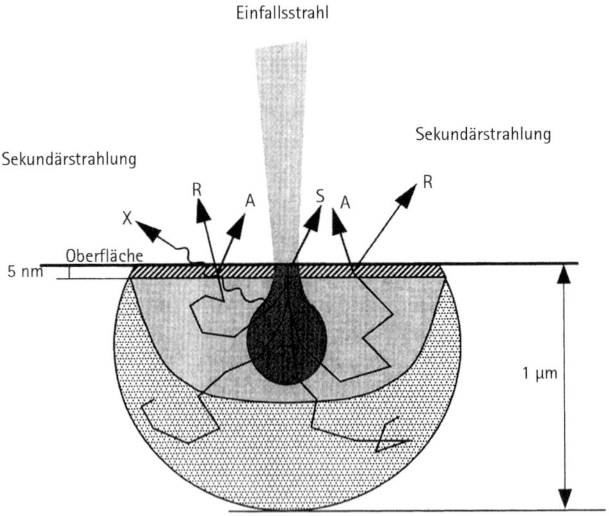

Abb. 38: Eintritt eines hochenergetischen Elektronenstrahls in eine Massivprobe und Darstellung der Volumina, in denen die verschiedenen Signale entstehen.

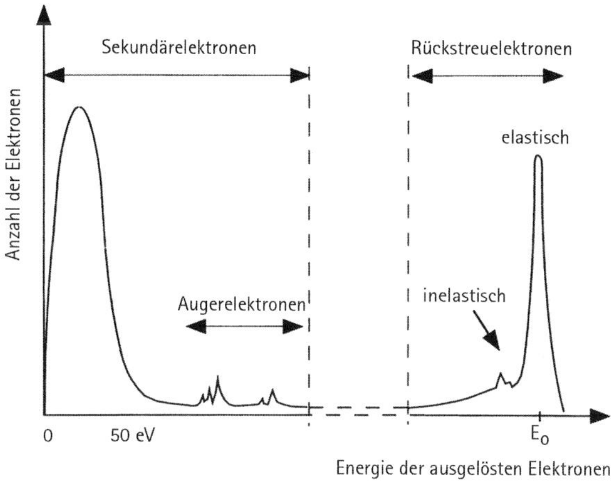

Abb. 39: Energieverteilung der aus einer Massivprobe unter Elektronenbeschuss ausgelösten Elektronen.

von mehr als $\pi/2$ erfahren haben und die Oberfläche wieder verlassen. Sie haben neben diesem elastischen Streuprozess nur wenige unelastische Streuprozesse erfahren. Man nennt sie *Rückstreuelektronen* (R). Da die Streuwahrscheinlichkeit für diese Prozesse stark von der Ordnungszahl (Z) der streuenden Atome abhängt, liefert ein derartiges Signal wichtige Informationen über die Zusammensetzung des Materials. Der Ursprung dieses Signals überstreicht fast das gesamte Volumen, in das die Primärelektronen eindringen.

Eine andere Elektronengruppe verlässt die Probe mit einer sehr geringen kinetischen Energie von der Größenordnung einiger *eV* bis zu *50 eV*. Diese Elektronen, die meist zum Festkörper gehören, werden am Ende der verschiedenen Prozesse der Stoßkaskade bei der Abbremsung des Primärstrahls emittiert. Man nennt sie *Sekundärelektronen* (S). Aufgrund ihrer geringen kinetischen Energie können sie nur aus einer dünnen Schicht nahe der Oberfläche stammen. Ansonsten würde ihre Energie nicht ausreichen, um die Oberfläche zu erreichen und daraus auszutreten. Daher liefern sie nur wenig Informationen über die Zusammensetzung. Sie hängen aber stark von der Topographie der Oberfläche ab, da ihre Entstehungswahrscheinlichkeit stark von der Orientierung der Austrittsfläche in Bezug auf die Richtung des Einfallsstrahls abhängt.

Wie wir in Abb. 24 gesehen haben, werden Art und Geometrie der Elektronendetektoren in der Probenkammer so gewählt, dass sie die beiden Signalarten aufzeichnen können. Damit kann man von jedem Detektor spezifische Informationen gewinnen. Die Rückstreuelektronen werden durch einen kreisförmigen Halbleiterdetektor unterhalb des Polschuhs des Objektivs gemessen. In neueren Mikroskopen ist der Detektor in zwei Teile aufgeteilt: Wenn man die beiden Signale addiert, so erhält man einen Materialkontrast. Bildet man mit Hilfe einer entsprechenden Elektronik die Differenz zwischen beiden Signalen, erhält man eine topographische Information, da die räumliche Verteilung von rückgestreuten Elektronen leicht von der Orientierung der Probenoberfläche abhängt. Dieser topographische Effekt ist natürlich in Sekundärelektronenbildern viel stärker ausgeprägt. Das Signal wird dabei im Allgemeinen mit einem Photomultiplier hinter einem Gitter aufgezeichnet. An dieses Gitter wird eine kleine positive Spannung angelegt, damit alle Elektronen niedriger kinetischer Energie von der Oberfläche des Detektors angezogen werden. Abb. 40 zeigt ein Beispiel von rasterelektronenmikroskopischen Aufnahmen bei Verwendung dieser beiden Arten von Elektronen.

Aufgrund der Kompliziertheit der Prozesse ist die quantitative Interpretation derartiger Bilder nicht so weit fortgeschritten wie in der Transmissionselektronenmikroskopie. In einigen speziellen Fällen bei einfachen Geometrien und Zusammensetzungen kann man jedoch über die qualitative Interpretation hinausgehen und die gemessene Intensitätsverteilung mit den Ergebnissen von Monte Carlo-Simulationen vergleichen. Dabei simuliert man die Elektronenbahnen unter Verwendung von Wahrscheinlichkeitsgesetzen, die die Größe und Verteilung verschiedener Parameter berücksichtigen (differenzielle Wirkungsquerschnitte als Funktion von Winkel und Energie, Gesamtwirkungsquerschnitte, mittlere freie Weglänge), die für diese Prozesse eine Rolle spielen.

Durch solche Rechnungen kann man auch die in den verschiedenen Betriebsarten erzielbare räumliche Auflösung besser verstehen. Diese

Abb. 40: Rasterelektronenmikroskopische Aufnahme einer Pyritprobe mit Rückstreu- bzw. Sekundärelektronen (Aufnahme J. Estéoule und J. Le Lannic, Rennes).

hängt mehr von der Lokalisation der verschiedenen elastischen oder unelastischen Streuprozesse bei ihrer Wechselwirkung zwischen Elektronen und Probe ab als von der Qualität und Kleinheit der Elektronensonde.

Auch andere Parameter können die beobachteten Kontraste ändern (Kristallinität, Textur, elektromagnetische Felder in der Nähe der Oberfläche) und weitere Informationen über die kristalline Struktur, die Anwesenheit elektrischer oder magnetischer Domänen oder das Oberflächenpotenzial liefern. Der Vollständigkeit halber möchten wir die Messung der vom Einfallsstrahl induzierten Ströme erwähnen, die bei der Untersuchung von integrierten Schaltkreisen verwendet werden.

Kapitel 6 Die analytische Elektronenmikroskopie

6.1 Allgemeines

Bis jetzt haben wir den Aspekt der chemischen Analyse in der Elektronenmikroskopie kaum berücksichtigt. Andererseits haben wir jedoch im Verlauf der vorangegangenen Kapitel alle notwendigen Gesichtspunkte dargestellt, um zu verstehen, wie Elektronenmikroskope, insbesondere im Rastermodus, aufgrund der Art der Wechselwirkung zwischen Elektronen und Materie diese analytische Information auf einfache Art und Weise liefern können. Diese Aspekte werden wir in diesem ersten Abschnitt zusammenfassen und anhand von kurzen Rückblicken die historische Entwicklung verdeutlichen, um die Evolution der Ideen, der Methoden und der Techniken bei der Entwicklung der wissenschaftlichen Instrumentierung während der letzten 50 Jahre besser zu verstehen.

Der Schlüssel zur chemischen Analyse im Elektronenstrahl liegt im vereinfachten Schema der Streuprozesse, das wir im vergangenen Kapitel dargestellt haben (Abb. 29). Die einfallenden hochenergetischen Elektronen können einen Teil ihrer Primärenergie an die Probe bzw. die Atome, aus denen sie besteht, abgeben, indem sie sie in einen angeregten Zustand überführen. Die verschiedenen Möglichkeiten werden durch die elektronische Struktur der Probe bestimmt. Zur Anregung eines Elektrons des am stärksten gebundenen Niveaus (1s) hin zum ersten unbesetzten Orbital, das ihm zugänglich ist, muss bei einem Kohlenstoffatom eine Energie von etwa *280 eV*, bei einem Stickstoffatom von etwa *400 eV* und bei einem Sauerstoffatom von etwa *530 eV* übertragen werden. Daher kann man durch eine Messung der Energieverluste, die die Elektronen beim Durchqueren der Proben erfahren haben, leicht zwischen den Elektronen unterscheiden, die mit Atomen unterschiedlicher Ordnungszahl in Wechselwirkung getreten sind. Das ist eine wichtige Methode für die chemische Analyse, die unter dem Namen *Elektronen-Energieverlust-Spektroskopie* (oder EELS, für Electron Energy Loss Spectroscopy) bekannt ist.

Schon zu Beginn der 1940er-Jahre wurde dieser Weg zur Realisierung einer lokalen chemischen Analyse von Hillier und Baker in den Vereinigten Staaten vorgeschlagen. Sie konnten in Energieverlustspektren die charakteristischen Kanten von leichten Elementen sehen. Aber es dauerte weitere 25 Jahre, bis die Bedeutung dieser Arbeiten im Zusammenhang mit der Elektronenmikroskopie anerkannt wurden. Ausgangspunkt der weiteren Entwicklung waren die Arbeiten der Gruppe um Raymond Castaing in Orsay zur Energiefilterung, mit der Bilder mit wohldefinierten Energieverlusten erzeugt werden konnten. Damit wurde das Äquivalent der Dimension Farbe in die Elektronenmikroskopie eingeführt. Sowohl in Orsay mit einem Energiefilter-Transmissionselektronenmikroskop, als auch in Cambridge und Chicago mit einem magnetischen Spektrometer am unteren Ende der Säule eines Transmissionselektronenmikroskops (konventionell oder Rastermikroskop), wurde um 1970 klar gezeigt, dass die Energieverlustspektroskopie eine gute Möglichkeit zur Entwicklung analytischer Techniken ist, die auf der Nanometerskala funktionieren.

Kommen wir noch einmal auf das Energieschema eines Atoms (Abb. 29) zurück. Sobald durch ein Primärelektron ein Loch in einem Rumpforbital erzeugt wird, ist dessen Lebensdauer beschränkt, weil das Atom nicht in diesem angeregten Zustand bleiben möchte. Es versucht, in seinen Grundzustand zurückzukehren, indem ein Elektron aus einem Niveau höherer Energie in den unbesetzten Zustand mit niedrigerer Energie übergeht. Zur Erhaltung der Energie wird ein anderes Teilchen (Photon oder Elektron) gleichzeitig mit dem Abregungsvorgang emittiert und übernimmt die bei diesem Übergang gewonnene Energie. Es gibt zwei Arten der Sekundäremission:

- Die Röntgenemission: Dieser Prozess bildet die Grundlage für die *Röntgenmikroanalyse* (Anteil X in Abb. 38).
- Auger-Elektronen sind im kontinuierlichen Spektrum der Sekundärelektronenverteilung erkennbar. Sie haben eine charakteristische Energie, die zwischen einigen *10* und einigen *100 eV* liegt. Man spricht daher von der *Auger-Elektronenspektroskopie* (Anteil A in Abb. 38; s. auch Abb. 39).

Die beiden Signale entsprechen wohldefinierten Energiedifferenzen zwischen zwei oder mehreren Elektronenzuständen eines Atoms und enthalten demzufolge eine charakteristische Signatur des Atoms.

Ausgehend von der Dissertation von Raymond Castaing 1951, in der er die erste Röntgenmikrosonde aufbaute, hat die Röntgenmikroanalyse schnell praktische Bedeutung gewonnen. In seinem Instrument hat er mit einem Gitterspektrometer die Wellenlängen der emittierten Röntgenquanten, die nach dem Auftreffen eines Primärelektronenstrahls erzeugt wurden, nachgewiesen. Kurz danach hat er die physikalischen Grundlagen zur quantitativen Analyse der lokalen chemischen Zusammensetzung entwickelt. Beim Auftreffen eines Elektronenstrahls mit einer Energie von einigen *10 keV* liegt das Wechselwirkungsvolumen in einer Massivprobe in der Größenordnung eines Mikrometers. Demzufolge liegt die charakteristische Länge des Volumens, in dem die Röntgenquanten erzeugt werden, ebenso bei etwa einem Mikrometer. Es entspricht im Wesentlichen dem Volumen, in das die Primärelektronen eindringen (s. Abb. 38). Diese Arbeiten ermöglichten bereits in den 1950er-Jahren die Durchführung einer Mikroanalyse, die bald in den verschiedensten Bereichen Einzug hielt. Diese gehen weit über den traditionellen Bereich der Metallurgie, der Petrologie und Medizin hinaus, um die hauptsächlichen Anwendungsgebiete zu nennen, und erlauben heute das Auffinden einer Spur in einer kriminalistischen Untersuchung oder die Bestimmung des Ursprungs von Kunstwerken.

Über mehr als 20 Jahre lang haben sich die Arbeitsgruppen, die einerseits die Elektronenmikroskope und andererseits die Mikroanalysatoren benutzten, wechselseitig ignoriert. Es dauerte bis in die 1970er- und 80er-Jahre, bis die Transmissionselektronenmikroskope in ihrer Konzeption Röntgen- und Energieverlustspektrometer als analytische Komponenten beinhalteten. Erst damit wurden sie zu dem Werkzeug für eine chemische Analyse auf nanometrischer Skala, wie wir es heute kennen.

Bevor wir diese kleine Einleitung in die *analytische Elektronenmikroskopie* beenden, wollen wir noch ein paar Worte zur Auger-Elektronenspektroskopie sagen, deren Entwicklung und Anwendung sich auf dem Gebiet der physikalischen Chemie von Oberflächen abspielten. Durch die Natur der Auger-Elektronen, deren Energie in der Größenordnung von *100 eV* liegt, stammen sie aus einer sehr geringen Tiefe (maximal einige Atomlagen) unterhalb der Probenoberfläche. Demzufolge ist diese Information nur dann hilfreich, wenn die Oberfläche sauber ist und keine Kontamination enthält. Daraus folgt, dass die

Auger-Spektroskopie eine Ultrahochvakuum-Umgebung (einige $10^{-9}Pa$) benötigt. Dies ist in einer elektronenmikroskopischen Säule nur in ganz besonderen Ausnahmefällen verwirklicht.

6.2 Das moderne analytische Elektronenmikroskop: Instrumentierung und Methoden

Abb. 41 zeigt die geometrischen Einschränkungen, die bei der Anbringung der für die Aufzeichnung der analytischen Signale notwendigen Spektrometer im Transmissionselektronenmikroskop beachtet werden müssen. Wir erinnern uns, dass sich die Probe im Polschuhspalt der Objektivlinse befinden muss, um weiterhin die unverzichtbare Möglichkeit zur hochauflösenden Abbildung, zur Feinbereichsbeugung und zur Elektronenbeugung im konvergenten Bündel zu haben. Es ist sehr nützlich, die in den vorangegangenen Kapiteln beschriebenen Techniken zusammen mit den Möglichkeiten der Analyse in einem Gerät vereinigt zu haben.

6.2.1 Energieverlustspektroskopie

Bei der Anbringung eines Energieverlustspektrometers gibt es *a priori* keine besonderen Schwierigkeiten. Es wirkt auf den transmittierten Elektronenstrahl, dessen Winkelbereich durch die Kontrastblende begrenzt wird. Das Spektrometer kann deshalb in verschiedenen Ebenen nach der Probe angebracht werden. Im Allgemeinen besitzt ein Energieverlustspektrometer ein magnetisches Sektorfeld, das eine Unterscheidung der Elektronen nach ihrer Geschwindigkeit erlaubt. Die Ablenkung der Elektronen erfolgt durch die Wirkung eines Magnetfeldes senkrecht zu ihrer Flugrichtung.

Ausgehend von diesem Grundelement wurden zwei große Familien von Energieverlustspektrometern entwickelt und auf den Markt gebracht. Wir können unterscheiden:

- *Analysatoren* (i. Allg. magnetische Spektrometer), die ein vollständiges Spektrum von einem Objekt erzeugen, das in den modernen Systemen gleichzeitig auf einem Halbleiterdetektor-Array aufgezeichnet werden kann. Daher stammt auch die Bezeichnung PEELS

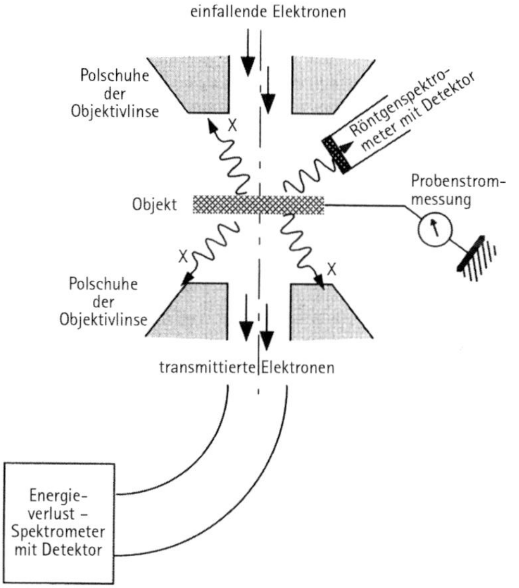

Abb. 41: Anordnung der verschiedenen Detektoren in Bezug auf eine dünne Probe im Linsenspalt des Objektivs.

(mit dem P für Parallelaufzeichnung), vgl. Abb. 42. Dieses Gerät ist besonders zweckmäßig für die Punktanalyse, weil man in einem Zeitraum mit der Größenordnung von etwa einer Sekunde ein komplettes Energieverlustspektrum aufzeichnen kann, welches einen Bereich von einigen *eV* bis zu einigen Tausend *eV* überspannt. Im einfachsten Fall ist der Objektpunkt des Spektrometers identisch mit dem bestrahlten Punkt auf der Probe. Diese Lösung wird in Rastertransmissionselektronenmikroskopen realisiert, die in der Regel mit einer Feldemissionskathode ausgerüstet sind. Damit kann man Energieverlustspektren mit einer Energieauflösung von etwa *0,5 eV* aufzeichnen, die von einem Bereich mit einem Durchmesser im Subnanometerbereich stammen. Diese Energieauflösung entspricht etwa $5 \cdot 10^{-6}$ in Bezug auf die Anfangsenergie von *100 keV* der untersuchten Elektronen.

- Die *abbildenden Energiefilter,* deren Elektronenoptik komplizierter ist als die eines einfachen Sektormagneten, vereinen die beiden Funktionen Analyse und Abbildung. Durch Einführen eines Schlitzes in der energiedispersiven Ebene können Bilder erzeugt werden, die einem wohldefinierten Energiefenster im Energieverlustspektrum entsprechen. Der Urahn derartiger Energiefilter ist das Castaing-Henry-Filter, welches erstmals im Jahre 1963 gebaut wurde und aus einem doppelten Sektormagneten und einem elekt-

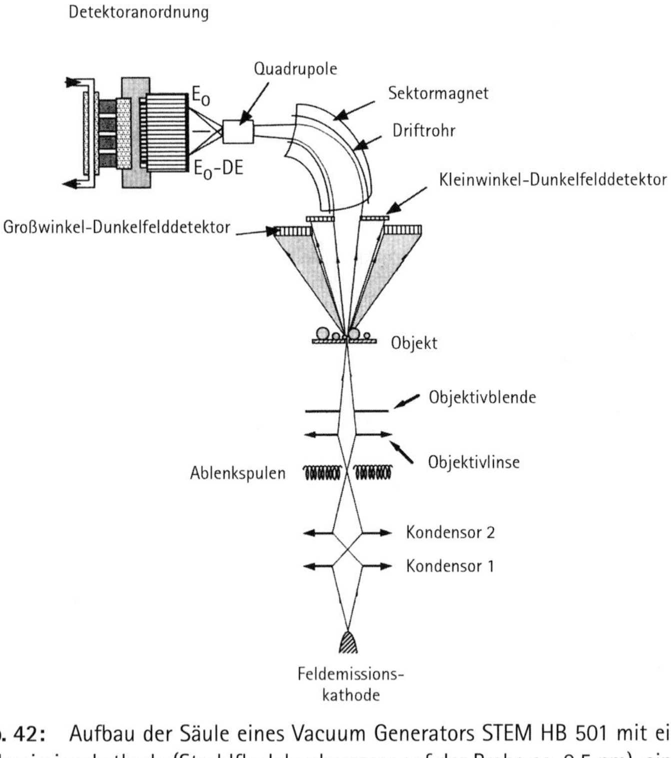

Abb. 42: Aufbau der Säule eines Vacuum Generators STEM HB 501 mit einer Feldemissionskathode (Strahlfleckdurchmesser auf der Probe ca. 0,5 nm), einem PEELS-Spektrometer und einem Dunkelfelddetektor, mit dessen Signal der untersuchte Bereich bildlich dargestellt wird.

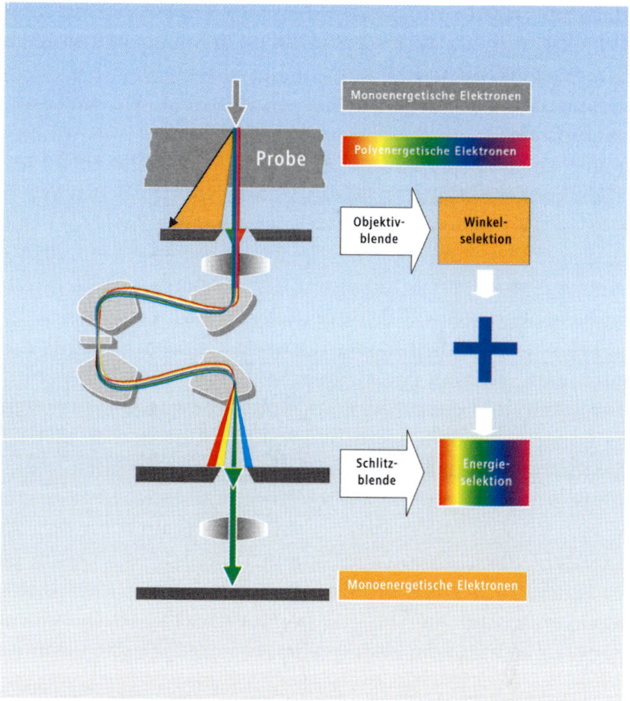

Abb. 43: Schema eines energiefilternden Transmissionselektronenmikroskops. Durch Einführen eines Spalts nach dem Filter kann die gewünschte Energie selektiert werden (Zeiss).

rostatischen Spiegel besteht. Die moderneren Versionen, die sich aus diesem Prinzip ableiten, werden heute insbesondere von der Fa. Zeiss vermarktet. Entsprechende Filter bestehen aus vier Sektormagneten und werden in die elektronenoptische Säule zwischen den Zwischenlinsen und dem Projektivsystem eingeführt (s. Abb. 43).

Alternativ dazu gibt es das Gatan-Imaging-Filter, welches diese Funktion für jedes Elektronenmikroskop mit einer Beschleunigungsspannung zwischen *100 kV* und *1 MV* ermöglicht. Es besteht aus einer relativ komplizierten Elektronenoptik, die ein magnetisches Sektorfeld für die Spektrometrie enthält. Daran anschließend befinden sich einige Multipollinsen für die abbildende Funktion. Das Filter selbst wird am unteren Ende des Mikroskops an der Stelle angeflanscht, wo sich sonst der Detektor befindet.

Kommen wir auf eine etwas abstraktere Art auf die neuen analytischen Möglichkeiten zurück, die uns diese spektroskopischen Geräte ermöglichen. Wir haben gerade zwei verschiedene Arten der Datenerfassung eingeführt: Zum einen das Spektrum bestehend aus 1024 spektralen Kanälen, aber einem Bildpunkt, zum anderen eine gefilterte Abbildung bestehend aus $N \times N$ Bildpunkten (N wird in der Regel gleich 1024, 2048 oder 4096 sein), aber für einen einzigen spektralen Kanal. Für den Zugang zu einer eindeutigen Beziehung zwischen der spektralen Information und der örtlichen Information wurde vor einigen Jahren das Konzept des spektralen Bildes eingeführt (s. Abb. 44).

Dabei wird der gesamten spektralen Information ein dreidimensionales Datenvolumen zugeordnet. Diese Information ist über n spektrale Kanäle und $N \times N$ Bildpunkte verteilt. Die Skalen an den Achsen sind unterschiedlich: In zwei Richtungen handelt es sich um Längen auf der Probe, in der dritten um eine Energieskala. Interessiert man sich vornehmlich für die Qualität der spektroskopischen Information bei einer kleinen Zahl von Bildpunkten, besteht die beste Lösung darin,

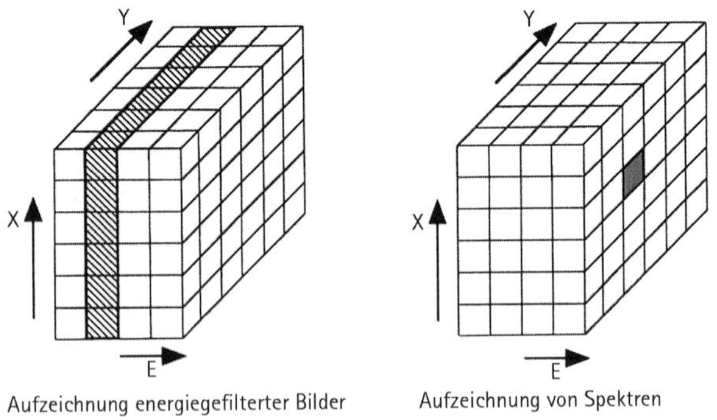

Abb. 44: Die zwei Möglichkeiten zur Aufzeichnung eines spektralen Bildes. Die Energieachse steht senkrecht auf den Achsen der Objektkoordinaten.

ein paralleles Energieverlustspektrometer im STEM zu betreiben. Dabei werden Spektren nebeneinander aufgezeichnet, indem man den Strahlfleck um wohldefinierte Strecken auf der Oberfläche der Probe verschiebt. Erfordert unsere Untersuchung jedoch eine große Zahl von Bildpunkten und eine Spektralinformation, die in wenigen Energiefenstern enthalten ist (z. B. bei der Aufzeichnung von elastisch gefilterten Bildern, bei denen man sich nur des unelastischen Anteils entledigen will), dann besteht die beste Lösung in der Anwendung des Filterkonzepts. Dabei wird ein Bild nach dem anderen aufgezeichnet, indem man den Energieverlust nach und nach über die Selektionsblende verschiebt. Am Ende dieses Kapitels zeigen wir für beide Methoden je ein typisches Beispiel.

Die jüngsten Fortschritte mit ihren faszinierenden Perspektiven, die den Anwendungsbereich der Elektronenmikroskope wesentlich erweitert haben, sind nur durch die dramatische Weiterentwicklung der Rechentechnik möglich geworden. Diese ist sowohl für die Aufzeichnung, als auch für die Verwaltung und Verarbeitung der enormen Datenmengen in real time erforderlich. Ohne die zunehmende Leistungsfähigkeit der Rechner bei sinkenden Preisen wären derartige Fortschritte nicht möglich gewesen.

6.2.2 Röntgenspektroskopie

Bei der Röntgenspektroskopie wird die Wellenlänge der Photonen gemessen, die bei der Bestrahlung des Objektes durch den Primärelektronenstrahl emittiert werden. Hierzu gibt es zwei verschiedene Messprinzipien. Das erste lässt sich direkt von den Arbeiten von Castaing in den 1950er-Jahren ableiten und benutzt die Beugung der Röntgenstrahlen durch unterschiedliche Kristalle, die gekrümmt oder eben sein können. Man bezeichnet diese Methode als *wellenlängendispersive Spektroskopie* (WDS, s. Abb. 45). Die zweite Methode wurde Ende der 1960er-Jahre durch Russ in den Vereinigten Staaten eingeführt. Sie benutzt den Energieübertrag des absorbierten Photons in einer Halbleiterdiode, in der eine gewisse Anzahl von Elektron-Loch-Paaren erzeugt wird, deren Ladung gemessen wird. Diese Methode wird als *energiedispersive Spektroskopie* bezeichnet (EDS, s. auch Abb. 45).

Diese beiden Verfahren sind hinsichtlich ihrer Vor- und Nachteile komplementär. In Rasterelektronenmikroskopen werden zur Untersuchung der Oberflächen von massiven Proben deshalb oft, wie in Abb. 45 schematisch dargestellt, beide Arten von Spektrometern eingebaut. Der Hauptvorteil der wellenlängendispersiven Spektroskopie sind die Energieauflösung von einigen *eV* und die Nachweisempfindlichkeit von etwa *50–100 ppm* (*p*arts *p*er *m*illion), die auf den geringen Untergrund unter den charakteristischen Linien zurückzuführen sind. Im Gegensatz dazu liegt der Vorteil der energiedispersiven Spektroskopie in der Effizienz der Aufzeichnung, gemessen als Zahl der Röntgenquanten für eine vorgegebene Dosis der einfallenden Elektronen. Im Prinzip handelt es sich bei der EDS um eine Methode der parallelen Aufzeichnung im Gegensatz zur wellenlängendispersiven Spektroskopie, bei der man durch Änderung des Einfallswinkels auf einen Kristall nach und nach die verschiedenen Wellenlängen des Spektrums abfahren muss. Ein weiterer Vorteil der energiedispersiven Spektroskopie besteht im einfachen Betrieb, der eine halbquantitative Analyse des untersuchten Bereichs in wenigen Sekunden ermöglicht.

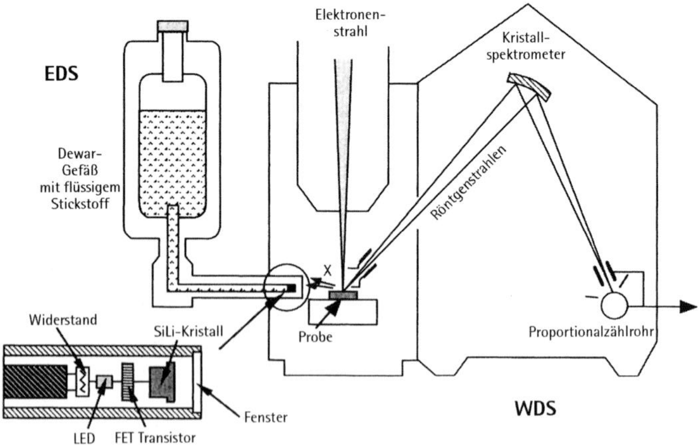

Abb. 45: Darstellung der beiden Messverfahren (WDS und EDS) zum Nachweis der von der Probe emittierten Röntgenstrahlen.

In der analytischen Transmissionselektronenmikroskopie ist das Kriterium der Nachweisempfindlichkeit entscheidend, sodass die energiedispersive Spektroskopie die einzige praktisch realisierte Variante ist. Wir müssen nun also einen Halbleiterdetektor, in der Regel einen lithiumdotierten Siliciumkristall, so dicht wie möglich an die zu untersuchende Probe heranführen. In Abb. 41 erkennt man gleich die Einschränkungen, die aus der Anordnung des Präparats im Zwischenraum des Polschuhs der Objektivlinse entstehen und nur einen sehr kleinen Bereich für den Detektor frei lassen. Da die Röntgenquanten isotrop verteilt sind, muss zur Erhöhung der Empfindlichkeit des Detektors der Raumwinkel, unter dem die emittierten Röntgenquanten nachgewiesen werden, vergrößert werden. Die besten Geräte heute erfassen einen Raumwinkel in der Größenordnung von *0,25 Steradian* im Vergleich zu den 4π der Winkelverteilung der emittierten Photonen. Dies ist eine erste Schwierigkeit bei der Instrumentierung für die Röntgenanalyse. Eine zweite Schwierigkeit liegt darin, dass die registrierten Photonen nicht nur von dem eigentlich zu untersuchenden Volumen herstammen, sondern auch reemittierte Röntgenquanten sein können, die durch Fluoreszenz von allen Oberflächen im Sichtfeld des Detektors herrühren. Auch diese Streustrahlung wird durch den Detektor gemessen und führt zu Artefakten. Kommen wir nun auf die Beschreibung einer dieser Si-Li-Dioden zurück, die für die Röntgenspektroskopie verwendet werden. Die Oberfläche des Detektors, der zur Verminderung des elektronischen Rauschens mit flüssigem Stickstoff gekühlt wird, muss vor jeglicher Kondensation von Gasen, die seine Wirkung schnell herabsetzen würden, geschützt werden. Andererseits muss, um den Bereich der nachweisbaren Strahlung bei kleinen Quantenenergien zum Nachweis leichter Elemente zu erweitern (möglichst auch B und Be), diese Schutzschicht so dünn wie irgend möglich sein, damit die Absorption dieser niederenergetischen Röntgenquanten vermindert wird. Daher rührt das Konzept der Dioden mit sog. ultradünnen Fenstern, die die Messung der Photonenenergien über einen Bereich, der den Elementen von $Z=5$ (B) bis $Z=92$ (U) entspricht, erlauben.

6.3 Die analytischen Signale: Beschreibung, Messung und Interpretation

So wie wir ein Kapitel dem Thema „Die Bilder verstehen“ gewidmet haben, wollen wir in diesem Kapitel auf eine ähnliche Art das Thema „Die Spektren verstehen“ behandeln. Aus Platzgründen wird dieser Abschnitt nur relativ oberflächlich bleiben können, auch weil die physikalischen Effekte, deren Verständnis zur Interpretation notwendig ist, immer komplizierter werden.

6.3.1 Energieverlustspektroskopie

Betrachten wir zunächst den Fall der Energieverlustspektroskopie. Ein typisches Spektrum ist in Abb. 46 dargestellt. Die Intensität zwischen dem elastischen Peak und den Strukturen, die um etwa *1000 eV* zu sehen sind, überspannt mehrere Größenordnungen. In Abhängigkeit vom betroffenen Energiebereich unterscheidet man mehrere Beiträge. Zwischen einigen *eV* und einigen *10 eV* spricht man vom Niederverlustbereich. Er wird durch einen intensiven Peak dominiert, der je nach Material schmäler oder breiter ist. Dies entspricht der kollektiven Anregung aller Valenzelektronen im Material: Man spricht vom Plasmonenpeak. Seine energetische Lage hängt von der mittleren Dichte dieses Elektronengases ab, die als Zahl der Elektronen pro Volumen gemessen wird. Er liegt zwischen *3* oder *4 eV* für weniger dichte Alkalimetalle (Rubidium oder Cäsium) und etwa *30 eV* für die vierwertigen, sehr kompakten Materialien wie Diamant. Den Prototyp eines Plasmons in einem Metall, der sich im Rahmen einer Beschreibung des freien Elektronengases deuten lässt, kann man bei Aluminium bei etwa *15 eV* mit einer Peakbreite von weniger als *1 eV* beobachten. Bei komplizierteren Materialien, insbesondere bei Isolatoren, ist das Plasmon nicht so ausgeprägt. Es wird teilweise durch Interbandübergänge zwischen den besetzten elektronischen Zuständen des Valenzbandes und unbesetzten Zuständen im Leitungsband überdeckt. Obwohl sie durch ihre Intensität das dominierende Signal in einem Energieverlustspektrum darstellen, werden das Plasmon und andere feine Strukturen im Niederverlustbereich nur selten benutzt, da die Interpretation sehr schwierig ist und sie keine einfache Bestimmung der chemischen Zusammensetzung erlauben.

In den letzten 30 Jahren hat man deshalb mehr und mehr den höherenergetischen Bereich des Spektrums genutzt. Dort beobachtet man über einem kontinuierlich abnehmenden Untergrund bei charakteristischen Energien eine Abfolge von diskontinuierlichen Anstiegen der Intensität, so wie wir dies bereits für den Fall der Anregung der Elektronen von leichten Atomen (*280 eV* für C, *400 eV* für N, *530 eV* für O) erwähnt haben. Dabei handelt es sich um Kanten, da auch oberhalb einer kritischen Energie Elektronen eines atomaren Rumpfniveaus zu allen freien Zuständen oberhalb des Fermi-Niveaus übergehen können (s. Abb. 29b). Das Auftreten dieser Kanten in einem Energieverlustspektrum

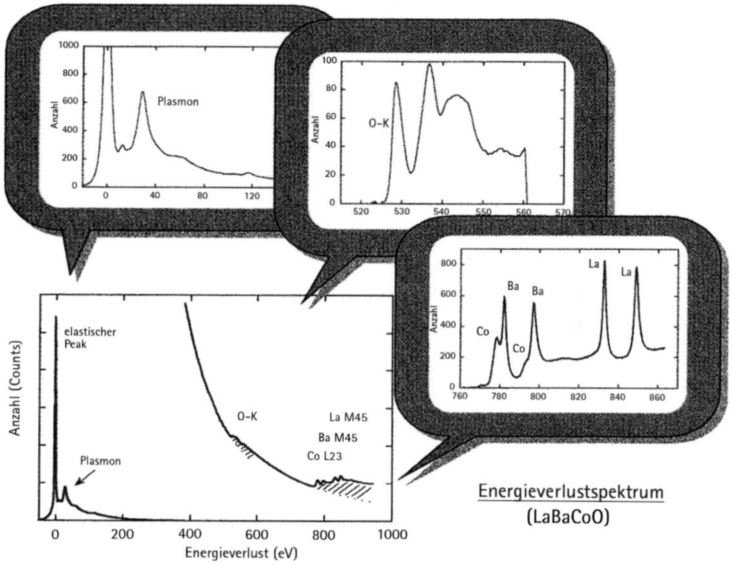

Abb. 46: Energieverlustspektrum einer dünnen $LaBaCo_2O_{5+\delta}$ Schicht. Die Intensität im Spektrum zwischen *0* und *1000 eV* überspannt vier Größenordnungen. Daher müssen der Niederverlustbereich von *5 – 60 eV*, die Sauerstoff K-Kante bei *530 eV* und die charakteristischen Strukturen der Metalle zwischen *750* und *850 eV* jeweils getrennt betrachtet werden (Colliex und Studer, Orsay und Caen).

ist daher ein Zeichen für die Anwesenheit der entsprechenden Atome im bestrahlten Materialvolumen. In der Zwischenzeit gibt es für einfache Elemente und die häufigsten Verbindungen Listen von Kanten zwischen *50* und *2000 eV* mit ihrer Lage und ihrer Form. Damit können praktisch alle Elemente ab Lithium mit seiner K-Kante (spektroskopische Notation, um die Anregung von 1s Elektronen zu kennzeichnen) bei *55 eV* bis zu Uran mit seiner O_{45}-Kante (Anregung von 5d Elektronen) bei *105 eV* identifiziert werden. In Abb. 46 sehen wir die Sauerstoff K-Kante bei *530 eV* und eine Überlagerung der L_{23}-Kanten (2p Elektronen) von Kobalt und der M_{45}-Kanten (3d Elektronen) von Barium und Lanthan, die sich alle zwischen *750* und *850 eV* befinden. Ausgehend von der Höhe der Kante in einem Spektrum kann man die relative Konzentration der verschiedenen Elemente bestimmen. Dieser Prozess erfordert zwei Schritte. Zunächst bestimmt man den Beitrag der charakteristischen Kante im Verhältnis zum kontinuierlichen Untergrund. Dazu wird der Untergrund anhand seines Verhaltens bei Energien unterhalb der Kante bestimmt, dann zu höheren Energien unter dem Signal extrapoliert und vom Gesamtspektrum abgezogen. Als zweites wird die Intensität I_i dieses charakteristischen Signals mit dem Wirkungsquerschnitt σ_i seiner Anregung gewichtet. Ein Wirkungsquerschnitt ist verknüpft mit der Wahrscheinlichkeit, bei vorgegebenen experimentellen Messbedingungen unter Elektronenbeschuss ein wohldefiniertes Ereignis zu erzielen. Schließlich kann man die Konzentration C_i des Elements i im Verhältnis zur Gesamtheit aller Elemente j, für die man die Kante identifizieren konnte, schreiben als

$$C_i = \frac{I_i/\sigma_i}{\sum_j I_j/\sigma_j} \tag{1}$$

Über seine Bedeutung zur Bestimmung der chemischen Zusammensetzung hinaus liefert die Energieverlustspektroskopie eine Fülle von Informationen über die Verteilung der zugänglichen elektronischen Zustände. Diese hängen sehr empfindlich von einer Vielzahl von lokalen Parametern ab (Ladung des angeregten Ions, Valenzzustand, Symmetrie der Umgebung, Abstand der nächsten Nachbarn), die sich durch Veränderung der Feinstrukturen über den verschiedenen aufgezeichneten

Kanten auswirken. Diese Effekte entsprechen denen, die bei den mit Synchrotronstrahlen aufgezeichneten Röntgenabsorptionskanten auftreten und die gut unter den Namen XANES (X-ray absorption near structure) oder EXAFS (extended X-ray absorption fine structure) bekannt sind. Sie können mit denselben theoretischen Verfahren der Atom-, Molekül- und Festkörperphysik beschrieben werden, haben aber den großen Vorteil, dass sie von kleinen Nanobereichen der Probe aufgezeichnet werden können, die man gleichzeitig abbilden kann. Das damit verbundene Potenzial zeigt sich in den Messungen von ortsaufgelösten Feinstrukturen an Grenzflächen oder Nanostrukturen.

6.3.2 Röntgenspektroskopie

Verglichen mit der großen Zahl von Informationen in verschiedenen spektralen Bereichen eines Energieverlustspektrums erscheinen die Röntgenemissionsspektren relativ einfach. Wie in Abb. 47 gezeigt

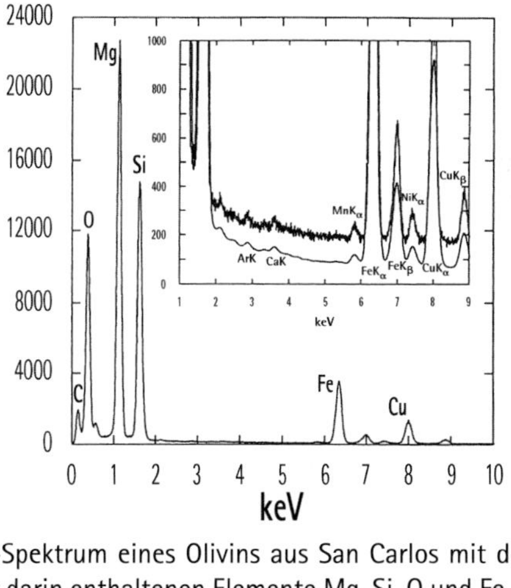

Abb. 47: EDX-Spektrum eines Olivins aus San Carlos mit den charakteristischen Linien der darin enthaltenen Elemente Mg, Si, O und Fe. Die Cu-Linie wird durch das Kupfernetzchen, auf dem sich die Probenstückchen befinden, verursacht. Die Linien geringer Intensität (Ni, Mn und Ca) hingegen sind auf Spurenelemente im Mineral zurückzuführen (D. Bouchet und J. Ingrin, Orsay).

wird, besteht ein solches Spektrum aus einer Gruppe von scharfen Linien über einem kontinuierlichen Untergrund von relativ geringer Intensität. Die Linien rühren von der Emission von charakteristischen Röntgenquanten her, die bei Übergängen zwischen zwei Rumpfniveaus entstehen. Der Untergrund wird durch die Bremsstrahlung verursacht, die bei jeder Abbremsung einer elektrischen Ladung in einem Feld verursacht wird. Während die Emission der charakteristischen Linien weitgehend isotrop ist, wird die Bremsstrahlung vorzugsweise in Richtung der Einfallsstrahlung abgestrahlt. Baut man den Röntgendetektor oberhalb der rückwärtigen Oberfläche der dünnen Probe auf, so verbessert man damit drastisch das Verhältnis zwischen der nützlichen Information und dem unspezifischen Untergrund.

Die quasi universelle Form der beobachteten Linien wird durch die relativ schlechte energetische Auflösung verursacht (etwa *130 eV* für eine Linie bei *10 keV* und *90 eV* für eine Linie bei *500 eV*). Diese Auflösung wird durch das elektronische Rauschen und durch die Pulsverarbeitung bestimmt. Daher sind die Schritte zur Umrechnung der charakteristischen Linien eines Röntgenspektrums für eine quantitative chemische Analyse im Vergleich zu den Schritten bei der Energieverlustspektroskopie relativ einfach. Der Untergrundabzug ist sehr viel einfacher und der Übergang zur Bestimmung der relativen Konzentration nutzt eine Beziehung, die der vorangegangenen sehr ähnlich ist:

$$C_A/C_B = S_A/S_B \cdot k_{AB}$$

Das Verhältnis der Signalintensitäten wird mit einem Koeffizienten k_{AB} multipliziert, den man als k-Faktor bezeichnet. Dieser k-Faktor berücksichtigt alle Einflüsse, unter denen Mikroskop und Detektor arbeiten, wie z.B. die Wahrscheinlichkeit für die Messung eines Photons A von einem Atom A im Vergleich zu einem Photon B von einem Atom B pro Primärelektron. Dieser Wichtungskoeffizient kann mit Hilfe unseres Wissens über die verschiedenen physikalischen Effekte, die im Laufe der komplizierten Abfolge von Prozessen erfolgen, berechnet werden. Diese Prozesse beginnen mit der Ionisation eines Rumpforbitals, gehen über die Fluoreszenzausbeute, die Stärke der einzelnen Linien, die Absorption in unterschiedlichen Bereichen des Detektors und der Schutzfolie bis hin zum Nachweis des Röntgenquants im Detektor.

Eine andere Lösung besteht darin, diesen *k*-Faktor an Referenzproben mit bekannter Zusammensetzung experimentell zu bestimmen.

Zusammenfassend stellen wir fest, dass die chemische Analyse mit Hilfe der Röntgenspektroskopie für eine dünne Probe in einem Transmissionselektronenmikroskop ein einfaches und wirkungsvolles Mittel ist, um mit einer Ortsauflösung von einigen Nanometern Elemente ab einer lokalen Konzentration von ca. 0,5 % zuverlässig nachzuweisen. Aufgrund der hohen Ortsauflösung können auch kleine Einschlüsse, deren Konzentration bezogen auf die Gesamtprobe im *ppm*-Bereich liegt, gefunden und analysiert werden. Auch hierbei können jedoch einige Artefakte auftreten, die hauptsächlich dadurch verursacht werden, dass nicht alle der nachgewiesenen Photonen vom bestrahlten Probenbereich herrühren.

6.4 Von Elementverteilungsbildern zu einer ortsaufgelösten Elektronenspektroskopie

An verschiedenen Stellen dieses Kapitels haben wir schon erwähnt, dass die analytischen Zusätze eine neue Dimension der Abbildung im Nanometerbereich darstellen. Die Anzahl der Bilder, die damit aufgezeichnet werden können, steigt mit der Anzahl der dabei benutzten spektralen Fenster. Den Begriff von Farbbildern haben wir nicht ohne Grund benutzt. Den damit erreichten Fortschritt können wir jedoch nur durch eine neue Überlegung über die Bedeutung der Bilder erkennen.

Zunächst liegt die neue Information in der Bestimmung der chemischen Zusammensetzung für jeden Punkt des Präparats. Sie kann entweder durch die Untersuchungen der Röntgenemission sowohl für massive Proben in einem Rasterelektronenmikroskop als auch für dünne Schichten in einem Transmissionselektronenmikroskop oder durch Elektronenenergieverlustspektroskopie für dünne Schichten bestimmt werden. In diesen Fällen kann man quantitative Messungen der Elementkonzentrationen vornehmen, die in der Form von Bildern dargestellt werden können. Diese wollen wir im Folgenden als Elementverteilungsbilder bezeichnen. Damit können wir auf einen Blick die Verteilung eines Elements oder aber die Korrelation zwischen verschiedenen Elementen sehen.

6.4.1 Röntgenspektroskopie

Betrachten wir zunächst den Fall der Röntgenspektroskopie. Der Strahlfleck verweilt für eine Zeit von einer bis zu mehreren Sekunden auf jedem Punkt der Probe, während das gesamte Röntgenspektrum aufgezeichnet wird. Durch die Software wird eine Anzahl von Fenstern definiert, die der Lage der Emissionslinien der zu messenden Elemente entspricht. Die aufgezeichneten Signale werden anhand der gemessenen Intensität für jedes Element in Verteilungsbilder umgerechnet.

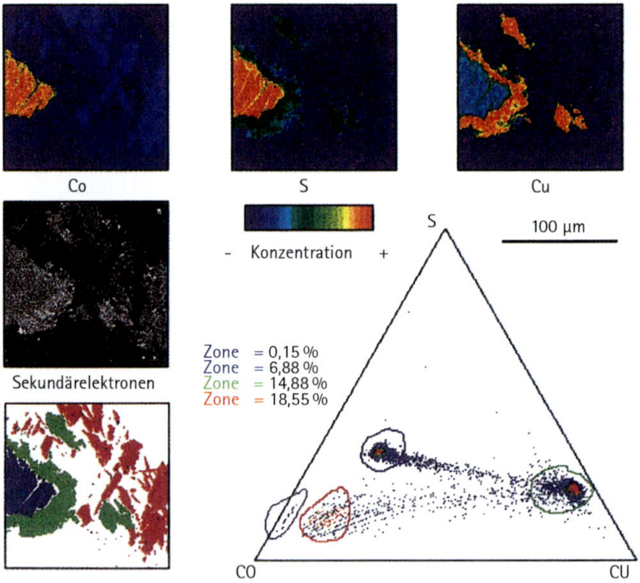

Abb. 48: Elementverteilungsbild eines kupfer- und kobalthaltigen Materials aus Chabba in Afrika. Man kann darin die Verteilung von Co, Cu und S mit der Topographie im Sekundärelektronenbild vergleichen. Die Korrelationen zwischen den Elementen geben Einblicke in die Verteilung der Verbindungen.
Aus den Elementverteilungsbildern lässt sich die Verteilung der einzelnen chemischen Verbindungen errechnen. Das gemischte Sulfid mit Co und Cu ist blau, Cu-Sulfid ist grün und ein Eisenkarbonat (Überlagerung mit Co) ist rot dargestellt (P. Tremblay, Orsay).

Zur Darstellung der Ergebnisse ordnet man jedem Element eine andere Farbe zu. Die Helligkeit jeder dieser Farben gibt eine ungefähre Vorstellung vom Absolutwert des gemessenen Signals. In diesem Stadium kann die Information nur halbquantitativ sein. Sofern man sich mit einem Linienprofil zwischen zwei Punkten der Probe zufrieden gibt, kann man das Verhalten der unterschiedlichen Konzentrationen der verschiedenen Elemente quantitativ darstellen. Dieser Aspekt ist in Abb. 48 am Beispiel der Untersuchung eines Minerals in einem Rasterelektronenmikroskop dargestellt, das mit einem Röntgendetektor ausgestattet ist.

Darüber hinaus kann man auch eine multivariate statistische Analyse durchführen, in der die Informationen in Bezug auf verschiedene Elemente verknüpft werden. So z. B. kann man nur die Bereiche der Probe darstellen, in denen eine bestimmte Kombination von Elementkonzentrationen mit einer ganz spezifischen chemischen Formel vorliegt. Das große Potenzial dieser Methode kann man sich leicht vorstellen. Man muss sich jedoch auch die Grenzen dieser Methode klarmachen, die oft für die Verzögerung zwischen einer einfachen Idee am Anfang und ihrer praktischen Umsetzung steht. Wir haben schon gesehen, dass die Röntgenemission eine geringe Ausbeute von nachgewiesenen Photonen pro einfallendem Elektron aufweist. Dies liegt an der geringen Größe der Ionisationsquerschnitte und der Fluoreszenzausbeute auf der einen Seite und an der geringen Nachweiseffizienz der Detektoren auf der anderen Seite. Daher erfordert die Aufzeichnung eines Elementverteilungsbildes sehr lange Messzeiten, um ein zufriedenstellendes Signal/Rauschverhältnis zu erreichen. Hierzu wurden Messprogramme zur automatischen Zählung über lange Zeiträume (z. B. über Nacht) entwickelt, bei denen die Position der Probe in regelmäßigen Intervallen überprüft wird. Unter diesen Bedingungen muss man mit einer Mikrometerauflösung für massive Proben oder einigen *10 nm* für die besten Analysen von dünnen Proben zufrieden sein.

6.4.2 Energieverlustspektroskopie

Wesentlich spektakulärer auf dem Weg zur Erforschung der Nanowelt sind in Bezug auf die Auflösungsgrenze die Techniken der spektralen Abbildung im Bereich der Energieverluste. Im Vergleich zur Röntgenspektroskopie ist die Energieverlustspektroskopie in Bezug auf die charakteristischen Signale deutlich effizienter. Für denselben einfallenden Strom ist die Aufzeichnungszeit eines Energieverlustspektrums wesentlich kürzer, ungefähr eine Sekunde, um ein zufriedenstellendes Signal/Rauschverhältnis über den Bereich von *0–1000 eV* zu erhalten. Andererseits wird der Elementnachweis durch den intensiven Untergrund zwischen den charakteristischen Kanten begrenzt, der die Sichtbarkeit von Kanten geringer Intensität erschwert. Die Nachweisgrenze für ein vorgegebenes Element in einer Matrix hängt von einer großen Zahl von Faktoren ab, insbesondere von Form und Lage der Kante, der Verunreinigung und der Matrix, in welcher man sie zu identifizieren und zu messen versucht. Mit den neuen Verfahren zur Verarbeitung von Differenzspektren konnte man zeigen, dass die nachweisbaren Atomkonzentrationen zwischen 10^{-5} und 10^{-2} Atomprozent liegen. Durch die Verbindung dieser Möglichkeiten mit der sehr großen Lokalisation des Signals, das von einem subnanometrischen Strahlfleck erzeugt wird, konnten kürzlich statistisch auf einem dünnen Kohlenstofffilm verteilte Einzelatome nachgewiesen werden. Zur Illustration der aktuellen Möglichkeiten der Energiefilterung zeigen wir in den Abb. 49 und 50 zwei Beispiele aus dem Bereich der Materialwissenschaften.

Im ersten Fall, einem Beispiel aus der Halbleiterphysik, wird die Energiefiltertechnik benutzt. Dabei wurden verschiedene Bilder für unterschiedliche Energieverluste aufgezeichnet, die jeweils vor und nach den Kanten lagen. Nach digitaler Verarbeitung einer Bildsequenz konnte man für jeden Punkt die Bildintensität für jedes der Elemente messen. Die Verteilung wird dann wie bei der Röntgenspektroskopie mit Hilfe einer Mehrfarbentechnik dargestellt. Der Hauptunterschied besteht in den unterschiedlichen Längenskalen.

Das zweite und letzte Beispiel nutzt die Technik von Spektralbildern im STEM-Modus. Für jede Position des Strahlflecks wird ein vollständiges Spektrum aufgezeichnet. Die schrittweise Verschiebung des Strahlflecks über die Probe erlaubt es, eine Sequenz von Spektren aufzuzeichnen. Nach einer numerischen Bildverarbeitung kann man ein Konzentrationsprofil zwischen dem Anfangs- und dem Endpunkt herstellen. Das gezeigte Beispiel bezieht sich auf ein Kohlenstoff-Nanoröhrchen mit einem Durchmesser von wenigen Nanometern, das von einem quasi monomolekularen Film aus Vanadiumoxid bedeckt ist. Die analytische Elektronenmikroskopie ist derzeit die einzige Technik, mit der derartige Nanostrukturen mit einer Auflösung unterhalb eines Nanometers abgebildet, gemessen und analysiert werden können.

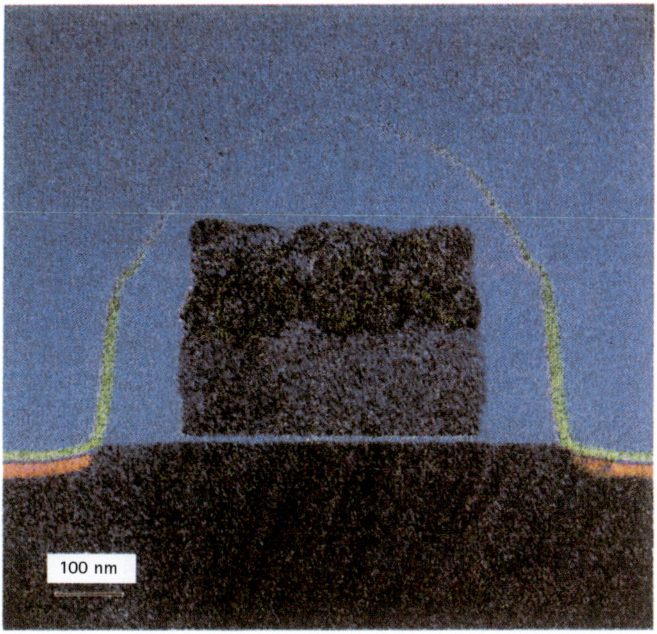

Abb. 49: Verteilung von Titan (rot), Stickstoff (grün) und Sauerstoff (blau) in einem MOSFET-Transistor eines RISC-Prozessors. Die verschiedenen energiefilternden Aufnahmen zwischen *350* und *550 eV* zur Berechnung der drei Elementverteilungen wurden mit einem Gatan GIF-Filter an einem Philips TEM 200 aufgezeichnet (Aufnahme O. Krivanek, Gatan USA).

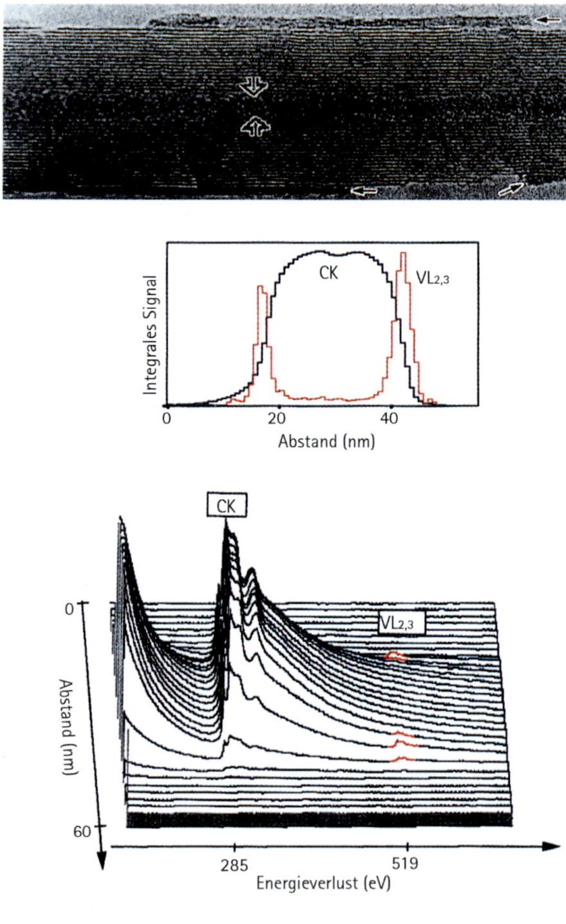

Abb. 50: Linienspektrum (EELS) über ein Kohlenstoff-Nanoröhrchen mit einer Vanadiumoxid-Oberfläche. Der Strahlfleck wird quer über die Probe geführt. Alle 0,5 nm wird dabei ein Spektrum aufgezeichnet. Anschließend werden die Veränderungen im Kohlenstoff- und Vanadiumsignal ausgewertet. Aus Letzterem erkennt man, dass das Nanoröhrchen von einer ultradünnen Vanadiumoxidschicht bedeckt ist (Aufnahme O. Stephan, Orsay).

Zusammenfassung und Ausblick

In der heutigen Verwaltungssprache wird das Elektronenmikroskop als ein Großgerät bezeichnet. Damit werden nicht die Größe, sondern die Kosten benannt. Der Kauf und die Installation eines Elektronenmikroskops erfordern einen Betrag zwischen etwa 100.000 und über 2 Mio. Euro. Der niedrigste Preis betrifft den Kauf eines Rasterelektronenmikroskops in der Grundversion. Die Obergrenze gilt für ein Transmissionselektronenmikroskop, das bereits alle modernen Zusätze für die Analyse, Digitalisierung und die Verarbeitung der Daten sowie eine Feldemissionskathode und mehrere spezielle Probenhalter enthält, um damit in-situ Untersuchungen der Probe bei thermischen Behandlungen und Verformungen während der Beobachtung zu ermöglichen.

Es ist daher leicht zu verstehen, warum die Anzahl der zurzeit betriebenen Elektronenmikroskope für die Rasterelektronenmikroskope bei einigen 10.000 liegt, während nur etwa einige Tausend Transmissionselektronenmikroskope in Betrieb sind. Von den Spitzengeräten finden sich weltweit nur einige Hundert. Trotzdem hat sich um dieses Instrument eine Gemeinschaft von Forschern aus sehr unterschiedlichen Bereichen versammelt, die trotz ihrer Interdisziplinarität so stark zusammenhält, dass sie sich regelmäßig alle vier Jahre zu einer internationalen Tagung trifft. Dazwischen finden regionale, z. B. europäische Tagungen sowie nationale Tagungen statt. Diese Tagungssequenz gibt es bereits seit über 50 Jahren. An internationalen Tagungen nehmen typischerweise 2000 bis 3000 Wissenschaftler teil, die dort die neuesten Fortschritte der Methoden und die spektakulärsten Ergebnisse mit diesen Geräten in den verschiedensten Forschungsrichtungen vorstellen und diskutieren. Kaum jemand wird die Tausenden von Seiten der Tagungsbände gelesen haben. Aber blättert man durch die Seiten dieser Tagungsbände, die reichhaltig mit Aufnahmen illustriert sind, so sind diese oft spektakulär und voller wichtiger Informationen.

Am Schluss dieses kleinen Büchleins möchte ich noch zwei Aspekte besprechen: Zum einen möchte ich das derzeitige Nutzungsfeld der Elektronenmikroskopie diskutieren und gleichzeitig einige zukünftige

Richtungen ansprechen, über die eine evtl. Neuauflage in 10 oder 20 Jahren ein Urteil ermöglichen wird.

Gut 100 Jahre nach der Entdeckung des Elektrons durch J. J. Thompson 1897 müssen wir feststellen, dass dieses im Inneren einer elektronenmikroskopischen Säule wesentlich zum Fortschritt unserer Erkenntnis in fast allen Bereichen menschlicher Aktivität beigetragen hat. Es wäre einfach, einen Katalog mit einer Liste aller Arten von Präparaten zusammenzustellen, die mit einem Elektronenmikroskop untersucht wurden. Als Beispiele möchte ich die neuen synthetischen Diamanten erwähnen, eine magnetische Legierung der Zusammensetzung $Sm_{11,6} Co_{58,6} Fe_{23} Cu_{4,6} Zr_{2,1}$, biologisch abbaubare Säcke, die Lokalisierung des Nikotins in Tabakblättern oder die Untersuchung des Malariaerregers in den Speicheldrüsen der Mücke.

Neben allen Anekdoten sehen wir deutlich, wie das Elektronenmikroskop in den letzten Jahren ein unverzichtbares Werkzeug zum Verständnis der Struktur und der Chemie von Materialien auf der Nanometerskala geworden ist, und damit Grundlage für unser Verständnis des unterschiedlichen Verhaltens von Materie. Die Halbleiterindustrie, als eines der Hauptanwendungsgebiete, benötigt für die Herstellung von elektronischen Schaltkreisen und Speicherchips im Wettlauf um deren Verkleinerung Instrumente, die zu ihrer Charakterisierung geeignet sind. In der Metallkunde stehen die mechanischen Eigenschaften im Mittelpunkt der Untersuchungen. Die Versetzungen von Metallen und Legierungen wurden zuerst im Elektronenmikroskop beobachtet und inzwischen kennt man ihre entscheidende Rolle als Ursache für mechanisches Versagen. In allen Industriezweigen zur Herstellung technischer Spitzenprodukte hat das Elektronenmikroskop in allen seinen Bauarten Einzug gehalten. Das Rasterelektronenmikroskop ist inzwischen sogar in den Produktionsketten der Halbleiterindustrie vorhanden.

Im Bereich der Biowissenschaften hat man das AIDS-Virus erst mit dem Elektronenmikroskop identifizieren können, ebenso wie die Prionen, deren Bedeutung für den Rinderwahnsinn erst kürzlich festgestellt wurde. Das Elektronenmikroskop wird in vielen pathologischen Labors routinemäßig für die Identifizierung von Tumorzellen eingesetzt. Ebenso bedeutsam ist es in vielen Randgebieten, wie etwa der Untersuchung der Wechselwirkung von dermatologischen Produkten mit der Haut oder bei der Beobachtung der Grenzflächen zwischen anorganischen Implantaten und organischem Gewebe.

Angesichts der Fortschritte sowohl bei den Elektronenmikroskopen selbst, als auch bei der Einführung neuer Präparationstechniken zur Untersuchung von Proben unter verschiedenen Bedingungen, kann man eine wesentliche Erweiterung der Anwendungsgebiete erwarten. Dies gilt auch in der Konkurrenz mit den Nahfeldmikroskopien, die Spitzen zur Abbildung verwenden.

Zum Schluss dieses Buches hier meine spekulativen Gedanken in ungeordneter Reihenfolge. Gehört die Zukunft den sehr großen und sehr teuren Geräten oder den kleinen, die von den Entwicklungen der Mikrofabrikation profitieren? Angesichts der weltweiten Finanznöte für den Forschungsbereich wette ich auf den zweiten Weg. Es ist nicht ausgeschlossen, dass wir in einigen Jahren Instrumente auf dem Markt finden werden, deren Größe bei etwa 10 bis 20 Zentimetern liegt. Die Quelle wäre dann ein Nanopunkt, der einen intensiven Elektronenstrahl mit einer Spannung von einigen *10* oder *100 V* emittiert. Man weiß bereits, wie eine solche Quelle funktioniert und hat kürzlich Projektionsaufnahmen von Kohlenstofffilamenten mit subnanometrischer Auflösung erzielt. Wann wird man einzelne DNA-Stränge mit holografischen Techniken abbilden und dabei einen Elektronenstrahl mit einer Energie von nur wenigen 10 eV verwenden, hinreichend klein, um die Probe nicht zu zerstören? Auch die Herstellung von Mikrolinsen ist denkbar, egal ob es sich dabei um magnetische Linsen mit Permanentmagneten und starker Feldstärke (1 Tesla) oder um elektrostatische Linsen handelt. Auch für langsame Elektronen mit einer Energie unterhalb von *1 keV* hat man elektrostatische Linsen mit Elektroden hergestellt, deren Lochdurchmesser und deren Abstand in der Größenordnung von *100* μm liegt. Erst kürzlich wurde mit einer Säule von *2,5 mm* Länge eine Auflösung besser als *40 nm* bei *1 kV* erreicht. Diese Fortschritte ermöglichen es, an ein Schreibtisch-Rasterelektronenmikroskop zu denken, das kleiner ist als das konventionelle Lichtmikroskop und trotzdem eine 20- oder 30fach bessere Auflösung liefert. Da die Mikrotechnologien bald sehr viel billiger sein werden als die traditionellen Methoden des Linsenschleifens, könnte dies sogar billiger werden.

Nachdem wir unsere Vorstellungskraft in neue Richtungen haben schweifen lassen, stellt sich die Frage, was man über die Fortschritte der Elektronenmikroskope sagen kann, die auf den bisherigen Wegen fortschreiten? In Bezug auf die Auflösungsgrenze kann der Fortschritt nur in der Verringerung des Öffnungsfehlers der Objektivlinsen bestehen. Dazu wurden nicht-rotationssymmetrische Systeme wie etwa Sextupoldupletts eingeführt, deren Auflösungsgrenze besser ist als ein *Å*. Mit neuen Konzepten versucht man derzeit, sie auf *0,5 Å* zu reduzieren.

Zahlreiche neue Richtungen zur Nutzung von Elektronenstrahlen mittlerer und höherer Energie sind in den letzten Jahren zur Anwendungsreife entwickelt worden. In den vorangegangenen Kapiteln sind sie mehr oder weniger ausführlich erwähnt worden. Sie stellen meiner Meinung nach die reichhaltigsten Wege für die zukünftigen Jahre dar. Darunter befindet sich die Elektronenkristallographie von Kristallen biologischer Moleküle bei sehr tiefen Temperaturen, die eine direkte dreidimensionale Rekonstruktion von Makromolekülen mit einer Genauigkeit erlauben, die man bisher nur der Röntgenkristallographie zugetraut hat. Zu nennen ist auch die Elektronenspektroskopie mit sehr hoher Orts- und Energieauflösung für die Untersuchung von Bindungen und elektronischen Eigenschaften in Verbindung mit Struktur und lokaler chemischer Zusammensetzung und die Elektronenholographie, die die Anwendungsmöglichkeiten der Mikroskopie erweitert, indem sie die Abbildung von elektrischen und magnetischen Feldern erlaubt. Ein großer Erfolg war dabei die direkte Sichtbarmachung von Vortex-Linien, die vor wenigen Jahren einer japanischen Gruppe gelungen ist!

Darüber hinaus lässt sich die Elektronenmikroskopie nicht auf die Rolle der reinen Beobachtung beschränken, wie es der etymologische Ursprung ihres Namens andeutet. Das Elektronenmikroskop liefert eine gute Arbeitsumgebung, um die Proben zu messen, zu analysieren und sie gleichzeitig verschiedenen äußeren Einflüssen zu unterwerfen. Dann wird das Mikroskop ein Mikro- oder Nanolabor werden. Dies ist jedoch eine andere Geschichte, über die man bald im Zusammenhang mit der Benutzung von Nahfeldmikroskopien, die eine stark wachsende Alternative darstellen, wird sprechen müssen.

Nachwort

Die in diesem Werk dargestellten Grundlagen repräsentieren nur einen kleinen Teil des Wissens, das die Elektronenmikroskopie ausmacht.

Seit Erscheinen der französischen Originalausgabe gab es erhebliche Fortschritte, neue Geräte wurden entwickelt, neue, stimulierende Möglichkeiten haben sich ergeben und die Anwendungsfelder wurden ausgedehnt. Deshalb möchten wir zur Drucklegung einige Zeilen als Nachwort anfügen. Diese sollen den Leser vor dem Erscheinen einer deutlich umfangreicheren Neuauflage davon überzeugen, dass sich die Wissenschaft in ständiger Weiterentwicklung befindet und dass uns der technische Fortschritt zu einem Zeitpunkt in die Lage versetzt, neue Erkenntnisse zu gewinnen und neue Anwendungsfelder zu erschließen.

Im vorangegangenen Kapitel „Zusammenfassung und Ausblick" haben wir ein wenig spekuliert und versucht, in ein paar groben Linien die Zukunft der Elektronenmikroskopie zu skizzieren. Was kann man heute, 10 Jahre später, darüber sagen? Zunächst einmal ist offensichtlich, dass sich die Elektronenmikroskopie in einem stürmischen Aufschwung befindet. Der Markt für neue Instrumente dehnt sich immer weiter aus. Die treibende Kraft dafür sind die Nanowissenschaften und die Entwicklungen in der Nanotechnologie. Die Entdeckung der „Nano"-Effekte war ein Meilenstein zur Jahrtausendwende. Die schnellen Fortschritte bei der Synthese und bei der Herstellung neuer Nanoobjekte haben es notwendig gemacht, gleichzeitig neue Geräte zu entwickeln, mit denen man sie messen, analysieren und bearbeiten kann. Sumio Iijima beschrieb 1991 in einem Artikel in der Zeitschrift *Nature* die Entdeckung, oder besser die erste Identifizierung und genaue Strukturbestimmung eines Kohlenstoffnanoröhrchens mit Hilfe eines Elektronenmikroskops. Seither sind Tausende von Artikeln über die Untersuchung dieser neuen Strukturen erschienen, sowohl was die Herstellung als auch die Anwendung betrifft. Für diese Arbeiten wurden sowohl die hochauflösende als auch die analytische Elektronenmikroskopie benutzt (Abb. 51). Das Interesse hat sich schnell auf einen großen Bereich von linearen, ebenen oder dreidimensionalen Nanostrukturen ausgedehnt. Dabei handelt es sich um Halbleiter- oder Hybridstrukturen

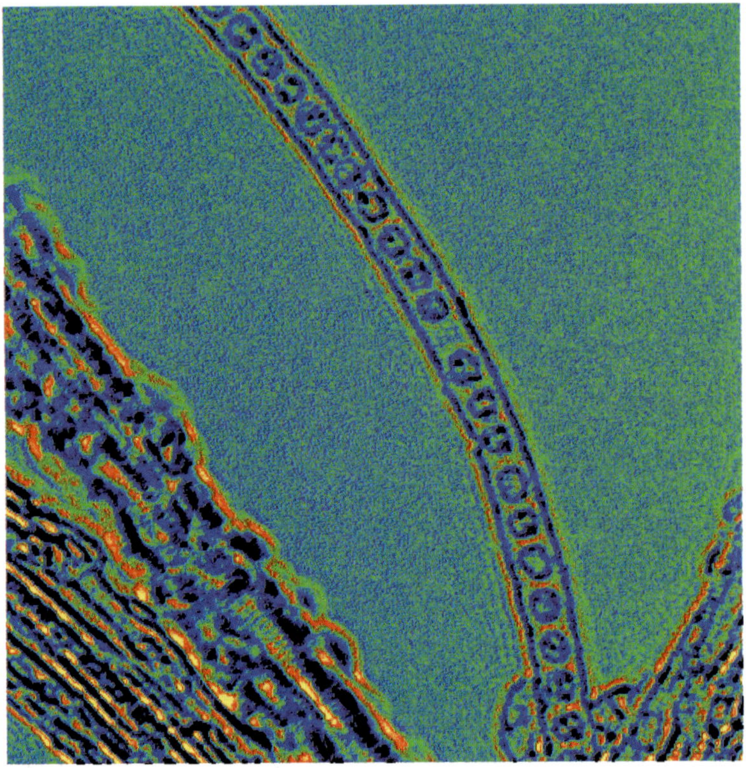

Abb. 51: Hochauflösungsbild eines einwandigen Kohlenstoff-Nanoröhrchens, das mit Fullerenen (C82) gefüllt ist, die mit Gd-Atomen (die dunkelsten Punkte im Bild) markiert sind (Aufnahme A. Gloter, AIST-CNRS, Orsay).

in den nanoelektronischen Bauelementen, wie z. B. die Isolierschichten, die dünner und dünner werden bis hinab zu wenigen Atomlagen, oder auch Schichtfolgen von magnetischen und nicht-magnetischen Materialien zur Datenaufzeichnung in Speichersystemen. Kurz gesagt: alle Arten der Elektronenmikroskopie sind in vielen Wissenschaftsgebieten und in der Industrie (Telekommunikation, katalytische Chemie, Materialwissenschaften und Metallurgie) unverzichtbar geworden – immer wenn die Kenntnis der Strukturen und Eigenschaften auf atomarer Skala wesentlich ist, um das Verhalten auf makroskopischer Ebene zu verstehen und zu beeinflussen. Im Bereich der Lebenswissenschaften wurden bei der Strukturbestimmung von Molekülkristallen oder einzelnen Molekülen große Fortschritte erzielt. Der Schwerpunkt der Untersuchungen verlagert sich jedoch zunehmend auf die zelluläre Ebene, für die sich eine sorgfältige Kombination verschiedener Techniken als äußerst fruchtbar erwiesen hat, angefangen von der Herstellung und Beobachtung bei niedriger Temperatur über die Tomographie bis hin zu Zugängen gemeinsam mit verschiedenen lichtmikroskopischen Techniken (konfokal, Fluoreszenz).

Bei der Gerätetechnik hatten wir uns sehr stark auf die Mikrofabrikationstechniken konzentriert, mit denen man neuartige elektronenoptische Säulen herstellen kann, die vollständig miniaturisiert sind. Wir müssen gestehen, dass die verfügbaren Technologien für diesen Weg, anders als vorhergesagt, nicht ausgeschöpft wurden. Andererseits haben diese Zugänge einschließlich der Mikromechanik die genaue Kontrolle von Verschiebungen durch piezoelektrische Elemente erlaubt. Diese spielen heute eine große Rolle bei der Konstruktion und beim Bau von „Nanolaboratorien“, die demnächst im Herzen der neuen Elektronenmikroskope, dem Polschuhspalt der Objektivlinse, in Betrieb genommen werden sollen. Dabei handelt es sich um eine sehr viel versprechende Entwicklung, weil der Experimentator direkt eingreifen kann, indem er eine mechanische Spannung anlegt, mit Photonen bestrahlt, Kontakte für die Messung von Transporteigenschaften einbaut, und dies alles auf einer einzelnen Nanostruktur gleichzeitig beobachten kann.

Im Bereich der Elektronenoptik im engeren Sinne sind die größten Fortschritte des letzten Jahrzehnts bei der Entwicklung von Öffnungsfehler-Korrektoren erzielt worden. Diese Systeme bestehen aus mehreren Multipol-Linsen. Zwei Gruppen haben Korrektoren hergestellt, die man in konventionelle Transmissionselektronenmikroskope (zur Bildkorrektur im TEM) oder in STEMs (zur Korrektur des Strahlflecks) einbauen kann. Daraus ergeben sich spektakuläre Fortschritte in der Ortsauflösung (s. Abb. 52). In Deutschland hat die Volkswagenstiftung, basierend auf den Pionierarbeiten von Harald Rose in Darmstadt und seinem Schüler Max Haider in Heidelberg Anfang der neunziger Jahre ein

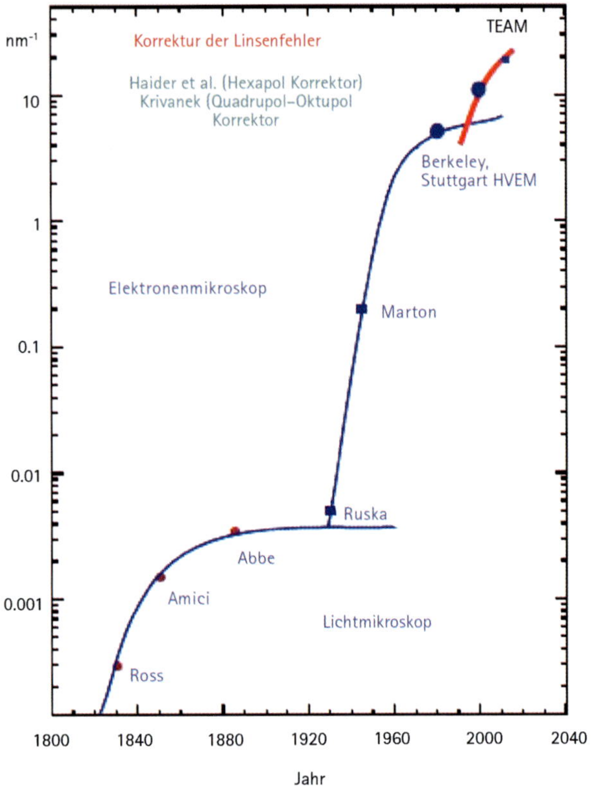

Abb. 52: Entwicklung des Auflösungsvermögens 1/d im nm^{-1} im Laufe der Jahrzehnte. Die Einführung der Elektronenmikroskopie und der Korrektur der Linsenfehler hatten jeweils deutliche Verbesserungen zur Folge.

Gemeinschaftsprojekt mit Knut Urban gefördert, mit dem 1997 erstmals eine spektakuläre Verbesserung der Auflösungsgrenze erzielt wurde. Darauf aufbauend hat die Deutsche Forschungsgemeinschaft im Rahmen einer Großgeräteinitiative den Aufbau eines ersten Prototyps in Jülich finanziert. Inzwischen hat die Firma CEOS in Heidelberg Korrektoren konstruiert, die für die verschiedenen Marken von kommerziellen Mikroskopen (FEI, JEOL, Zeiss) angepasst sind. Ausgehend von Vorarbeiten in Großbritannien und später in den USA hatte Ondrej Krivanek mit der Firma NION in Seattle großen Erfolg mit einem Korrektor für die STEM-Mikroskope von VG und hat anschließend eine komplett neue Säule konstruiert: das Super-STEM, dessen Leistungsgrenzen gerade untersucht werden. In beiden Fällen wurde die Grenze von 1 Å deutlich unterschritten und die zugängliche Informationsgrenze liegt heute um 0,05 nm. Da man mit Öffnungsfehler-Korrektoren immer größere Öffnungswinkel benutzen kann, nähert man sich mit der Auflösungsgrenze mehr und mehr der Wellenlänge. Daraus ergeben sich spektakuläre Fortschritte in allen Bereichen, die mit dem Phasenkontrast und der Holographie, mit atomar aufgelösten Elementverteilungsbildern oder mit der dreidimensionalen Rekonstruktion zusammenhängen. Aber die Geschichte darüber wird gerade erst geschrieben. Dieses Gebiet befindet sich im Zustand der Entwicklung und der Erprobung und erfordert gleichzeitig eine Verfeinerung des Verständnisses und der theoretischen Modellierung. Angesichts der enormen Informationsmengen, die aufgezeichnet, abgespeichert und verarbeitet werden müssen, sind die immer kompakteren und leistungsfähigeren Rechner allgegenwärtig geworden.

Um die große Bedeutung der derzeitigen Forschungsarbeiten zu verstehen, muss man sich den Gemeinschaftscharakter der großen Programme zu ihrer Unterstützung und ihrer Finanzierung klarmachen. Auf der einen Seite steht das Programm TEAM (Transmission Electron Aberration-corrected Microscope) des Department of Energy (DoE) in den Vereinigten Staaten, in dem verschiedene seiner Nationallaboratorien vereint sind, um gemeinsam mit den industriellen Partnern FEI und CEOS „das" Mikroskop der Zukunft zu bauen. Die europäische Kommission ihrerseits unterstützt eine Initiative für eine integrierte Infrastruktur, in der acht der bedeutendsten elektronenmikroskopischen Zentren vereint sind, um die neuesten technischen Entwicklungen im Hinblick auf ihre Anwendungen voranzutreiben.

Register

Dr. Christian Colliex schloss 1965 sein Studium an der Ecole Nationale Superieure des Mines de Paris ab und promovierte 1970 in Festkörperphysik. Er leitete 6 Jahre lang das Laboratoire Aime Cotton (ein CNRS-Institut zur Grundlagenforschung in der Atom-, Molekül- und Clusterphysik) und ist heute Direktor am Laboratoire de Physique des Solides sowie Leiter der Gruppe Elektronenmikroskopie.

Mehr als 250 Publikationen und mehr als 100 eingeladene Vorträge in den letzten 10 Jahren sowie seine Tätigkeit als Gutachter machen ihn zu einem ausgewiesenen Experten auf dem Gebiet der Elektronenmikroskopie.

Er ist Vorsitzender und Mitglied zahlreicher Gesellschaften und Gremien sowie Herausgeber mehrerer Zeitschriften. Seine Hauptinteressen betreffen die Entwicklung neuer Geräte und Methoden zur lokalen Untersuchung von Festkörpern.

Prof. Dr. Helmut Kohl, geboren 1955 in Frankfurt am Main, studierte Physik an der Technischen Hochschule Darmstadt und promovierte dort 1983 über die Abbildung mit unelastisch gestreuten Elektronen. Von 1985 bis 1986 war er im Rahmen eines von der DFG geförderten Forschungsaufenthalts am Laboratoire de Physique des Solides der Université Paris-Sud in der Arbeitsgruppe von Christian Colliex tätig. Er habilitierte 1989 im Fach Physik mit einer Arbeit über „Ortsempfindliche Elektronen-Energieverlust-Spektroskopie".

Seit Februar 1993 ist er Universitätsprofessor im Fachbereich Physik der Westfälischen Wilhelms-Universität Münster und Leiter der Abteilung „Elektronenmikroskopie" im Physikalischen Institut. Seine Forschungsarbeiten betreffen die methodische Weiterentwicklung der hochauflösenden und der analytischen Elektronenmikroskopie und deren Anwendung.